Deepen Your Mind

Deepen Your Mind

洪錦魁簡介

一位跨越電腦作業系統與科技時代的電腦專家，著作等身的作家。

❏ DOS 時代他的代表作品是 IBM PC 組合語言、C、C++、Pascal、資料結構。
❏ Windows 時代他的代表作品是 Windows Programming 使用 C、Visual Basic。
❏ Internet 時代他的代表作品是網頁設計使用 HTML。
❏ 大數據時代他的代表作品是 R 語言邁向 Big Data 之路。

除了作品被翻譯為簡體中文、馬來西亞文外，2000 年作品更被翻譯為 Mastering HTML 英文版行銷美國，近年來作品則是在北京清華大學和台灣深智同步發行：

1：Java 入門邁向高手之路王者歸來
2：Python 最強入門邁向頂尖高手之路王者歸來
3：Python 最強入門邁向數據科學之路王者歸來
4：Python 網路爬蟲：大數據擷取、清洗、儲存與分析王者歸來
5：演算法最強彩色圖鑑 + Python 程式實作王者歸來
6：HTML5 + CSS3 王者歸來
7：R 語言邁向 Big Data 之路
8：Excel 完整學習邁向最強職場應用王者歸來

他在 2020/2021 年許多著作分別登上天瓏、博客來、Momo 電腦書類暢銷排行榜第一名，他的著作最大的特色是不賣弄文字與炫耀知識，所有程式語法會依特性分類，同時以實用的程式範例做解說，讓複雜的知識變的淺顯易懂，讀者可以由他的著作事半功倍輕鬆掌握相關知識。

Python 邁向領航者之路
超零基礎
序

　　這是一本 Python 完全入門的書籍，高中生、文科生通通看得懂，整本書從 Python 環境、資料結構開始，使用完整流程圖與大量程式實例講解程式設計基礎觀念，為進入人工智慧、機器學習、大數據時代奠定基礎。

　　世界各國已紛紛將 Python 列為學生階段必學的程式語言之際，為了讓更年輕的學生或是電腦初學者也可以加入學習 Python 的行列，筆者嘗試將 Python 語法各種用法用最簡單但是輔以豐富活潑、精彩、實用的程式實例的方式解說。為讓讀者更精通 Python 的用途，每個章節末端皆輔以專題設計，這些設計應可以讓讀者充分增加程式設計的邏輯思維能力。

　　全書內容包含 263 個程式實例，完整解說程式設計、邏輯思維相關知識，這本書同時有 139 個是非題習題 (電子書)、103 個選擇題習題 (電子書)、98 個實作題習題供讀者自我複習與練習，這本書包含下列主要內容。

- ❏ 建立正確的 Python 風格程式
- ❏ 認識內建函數與標準函數庫模組
- ❏ 突破 0 到 1 過程，練就紮實基本功
- ❏ 自學者可輕鬆上手，快樂學習
- ❏ 高中生、文科生通通看得懂
- ❏ 解一元一次和二次方程式
- ❏ 雞兔同籠解聯立方程式
- ❏ 認識音速單位馬赫
- ❏ 認識圓周率 PI
- ❏ 認識萊布尼茲級數
- ❏ 認識尼拉卡莎級數

- ❏ 使用蒙地卡羅模擬計算圓周率
- ❏ 認識費式 (Fibonacci) 數列
- ❏ 認識階乘數 (factorial)
- ❏ 認識歐拉數 e
- ❏ 計算座標軸 2 個點的距離
- ❏ 計算地球任意 2 個城市間的距離
- ❏ 計算房貸問題
- ❏ 銀行存款單利與複利計算
- ❏ 高斯數學 – 計算等差級數和
- ❏ 溫度知識與攝氏 / 華氏轉換
- ❏ 12 生肖程式設計
- ❏ 人體健康判斷程式
- ❏ 認識火箭升空與宇宙速度
- ❏ 使用者帳號管理系統
- ❏ 加密與解密-- 凱薩密碼
- ❏ 頂級球星的最愛 – 質數 (Prime number)
- ❏ 國王的麥粒
- ❏ 購物車設計
- ❏ 總分、平均、名次成績系統設計與格式化輸出
- ❏ 真心認識元組 Tuple
- ❏ 建立血型字典
- ❏ 建立星座字典
- ❏ 設計英漢與漢英字典
- ❏ 夏令營的程式設計
- ❏ 雞尾酒程式設計
- ❏ 歐幾里德演算法
- ❏ 文件探勘與分析
- ❏ 設計建立多封信件程式
- ❏ 威力彩與大樂透程式

- ❏ 認識賭場的遊戲騙局
- ❏ 程式除錯典故
- ❏ 泡沫排序
- ❏ 順序與二分搜尋法
- ❏ 臉書 Facebook 有約 20 億用戶，如何在不到一秒驗證登入是正確的使用者
- ❏ 精彩繪圖實例

一本書的誕生最重要價值是有系統傳播知識，讀者可以從有系統知識架構，快速學會想要的知識。

寫過許多的電腦書著作，本書沿襲筆者著作的特色不賣弄文字，很紮實介紹 Python 語法與基礎知識，程式實例豐富，相信讀者只要遵循本書內容必定可以在最短時間學會使用 Python，為進入人工智慧、機器學習、大數據時代奠定紮實的基礎，編著本書雖力求完美，但是學經歷不足，謬誤難免，尚祈讀者不吝指正。

洪錦魁 2020-05-05
jiinkwei@me.com

圖書資源說明

本書籍的所有程式實例可以在深智公司網站下載，本書書號 DM2022 是密碼。

本書所有章節均附是非與選擇的習題解答、以及實作習題的輸入與輸出，這些可以在深智公司網站下載，特別是在實作題部分有附輸入與輸出，讀者可以遵循了解題目的本質與相關參考資訊。下列是示範輸出畫面。

一：是非題

1 (X)：串列(list)是由相同資料型態的元素所組成。(6-1 節)
2 (X)：在串列(list)中元素是從索引值 1 開始配置。(6-1 節)

二：選擇題

1 (A)：串列(list)使用時，如果索引值是多少，代表這是串列的最後一個元素。
(6-1 節)
A：-1 B：0 C：1 D：max

三：實作題

1：考試成績分數分別是 **87,99,69,52,78,98,80,92**，請列出最高分、最低分、總分、平均。(6-1 節)

```
==================== RESTART: D:\Python\ex\ex6_1.py ====================
最高分  =  99
最低分  =  52
總分   =  655
平均   =  81.88
```

教學資源說明

教學資源有教學投影片和習題解答。

本書習題實作題約 98 題均有習題解答，如果您是學校老師同時使用本書教學，歡迎與本公司聯繫，本公司將提供習題解答與教學投影片。請老師聯繫時提供任教學校、科系、Email、和手機號碼，以方便本公司業務單位協助您。

一般消費者

一般消費者若需要習題解答，訂價 300 元，可向本公司洽購，建議留下姓名、Email 和手機號以便聯繫，帳號如下：

中華郵政劃撥帳號：50428738

深智數位股份有限公司

或

永豐銀行蘭雅分行

157-018-0003397-1

深智數位股份有限公司

臉書粉絲團

歡迎加入：王者歸來電腦專業圖書系列

目錄

目錄

第一章

基本觀念

1-0 運算思維 (Computational Thinking)

　　21 世紀的今天全球進入了運算思維 (Computational Thinking) 的時代，世界各國為了提升國家競爭力，紛紛在不同級別的教育領域推展運算思維，我國教育部也在各級學校推廣運算思維課程。

　　運算思維 (Computational Thinking，簡稱 CT)，其實就是將問題清晰表達、使用計算機解決問題的技能與過程，期待可以像閱讀、算術一樣成為每個人的基本技能。

　　根據 IEEE Spectrum(Institute of Electrical and Electronics Engineers) 發布 2019 年計算機程式語言排名，Python 維持 2018 年時的排名，保持第一名，而這個程式語言也是本書將運算思維精神導入內容的程式語言。

資料來源：https://spectrum.ieee.org/computing/software/the-top-programming-languages-2019

註　IEEE Spectrum 是美國電機和電子工程師協會發行的旗艦雜誌。

　　其實在 1950 年代電腦展初期，就已經有了運算思維的雛形，但是真正為世人重視是 2006 年 3 月當時美國卡內基美隆大學計算機系周以真 (Jeannette M. Wing) 主任在美國權威期刊 Communications of the ACM 發表並定義了計算思維 Computational Thinking 的文章，內容是講述計算思維是一種普通的思維方法與基本技能然後使用計算機解決，所有人應該積極學習，就像是閱讀、算術一樣，而非僅是計算機科學家，下列是運算思維的過程。

1：　問題拆解 (Decomposition)：將問題拆解成更小的問題，方便了解與維護。

2：　模式識別 (Pattern Recognition)：觀察資料模式，檢視思考問題類似之處。

3： 抽象 (Abstraction)：這是重點摘要，忽略不重要的細節。

4： 演算法 (Algorithm)：設計解決問題的步驟。

本著作也將在此原則指導讀者使用 Python 處理與解決問題。

1-1 認識 Python

Python 是 一 種 直 譯 式 (Interpreted language)、 物 件 導 向 (Object Oriented Language) 的程式語言，它擁有完整的函數庫，可以協助輕鬆的完成許多常見的工作。

所謂的直譯式語言是指，直譯器 (Interpretor) 會將程式碼一句一句直接執行，不需要經過編譯 (compile) 動作，將語言先轉換成機器碼，再予以執行。目前它的直譯器是 CPython，這是由 C 語言編寫的一個直譯程式，與 Python 一樣目前是由 Python 基金會管理使用。

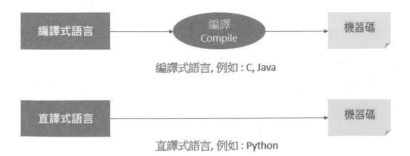

Python 也算是一個動態的高階語言，具有垃圾回收 (garbage collection) 功能，所謂的垃圾回收是指程式執行時，直譯程式會主動收回不再需要的動態記憶體空間，將記憶體集中管理，這種機制可以減輕程式設計師的負擔，當然也就減少了程式設計師犯錯的機會。

由於 Python 是一個開放的原始碼 (Open Source)，每個人皆可免費使用或為它貢獻，除了它本身有許多內建的套件 (package) 或稱模組 (module)，許多單位也為它開發了更多的模組，促使它的功能可以持續擴充，因此 Python 目前已經是全球最熱門的程式語言之一，這也是本書的主題。

1-2 Python 的起源

Python 的最初設計者是吉多・范羅姆蘇 (Guido van Rossum)，他是荷蘭人 1956 年出生於荷蘭哈勒姆，1982 年畢業於阿姆斯特丹大學的數學和計算機系，獲得碩士學位。

吉多・范羅姆蘇 (Guido van Rossum) 在 1996 年為一本 O'Reilly 出版社作者 Mark Lutz 所著的 "Programming Python" 的序言表示：6 年前，1989 年我想在聖誕節期間思考設計一種程式語言打發時間，當時我正在構思一個新的指令稿 (script) 語言的解譯器，它是 ABC 語言的後代，期待這個程式語言對 UNIX C 的程式語言設計師會有吸引力。基於我是蒙提派森飛行馬戲團 (Monty Python's Flying Circus) 的瘋狂愛好者，所以就以 Python 為名當作這個程式的標題名稱。

本圖片取材自下列網址
https://upload.wikimedia.org/wikipedia/commons/thumb/6/66/Guido_van_Rossum_OSCON_2006.jpg/800px-Guido_van_Rossum_OSCON_2006.jpg

在一些 Python 的文件或有些書封面喜歡用蟒蛇代表 Python，從吉多・范羅姆蘇的上述序言可知，Python 靈感的來源是馬戲團名稱而非蟒蛇。不過 Python 英文是大蟒蛇，所以許多文件或 Python 基金會也就以大蟒蛇為標記。

1999 年他向美國國防部下的國防高等研究計劃署 DARPA(Defense Advanced Research Projects Agency) 提出 Computer Programming for Everybody 的研發經費申請，他提出了下列 Python 的目標。

❑ 這是一個簡單直覺式的程式語言，可以和主要程式語言一樣強大。

❑ 這是開放原始碼 (Open Source)，每個人皆可自由使用與貢獻。

❑ 程式碼像英語一樣容易理解與使用。

❑ 可在短期間內開發一些常用功能。

現在上述目標皆已經實現了，Python 已經與 C/C++、Java 一樣成為程式設計師必備的程式語言，然而它卻比 C/C++ 和 Java 更容易學習。

目前 Python 語言是由 Python 軟體基金會管理，有關新版軟體下載相關資訊可以在這個基金會取得，可參考附錄 A。

1-3 Python 語言發展史

在 1991 年 Python 正式誕生，當時的作業系統平台是 Mac。儘管吉多‧范羅姆蘇 (Guido van Rossum) 坦承 Python 是構思於 ABC 語言，但是 ABC 語言並沒有成功，吉多‧范羅姆蘇本人認為 ABC 語言並不是一個開放的程式語言，是主要原因。因此，在 Python 的推廣中，他避開了這個錯誤，將 Python 推向開放式系統，而獲得了很大個成功。

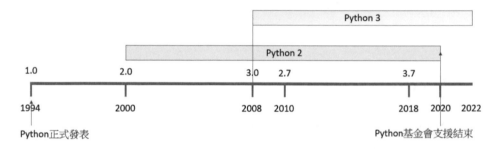

◆ Python 2.0 發表

2000 年 10 月 16 日 Python 2.0 正式發表，主要是增加了垃圾回收的功能，同時支援 Unicode。

所謂的 Unicode 是一種適合多語系的編碼規則，主要精神是使用可變長度位元組方式儲存字元，以節省記憶體空間。例如，對於英文字母而言是使用 1 個位元組空間儲存即可，對於含有附加符號的希臘文、拉丁文或阿拉伯文 … 等則用 2 個位元組空間儲存字元，兩岸華人所使用的中文字則是以 3 個位元組空間儲存字元，只有極少數的平面輔助文字需要 4 個位元組空間儲存字元。也就是說這種編碼規則已經包含了全球所有語言的字元了，所以採用這種編碼方式設計程式時，其他語系的程式只要有支援 Unicode 編碼皆可顯示。例如：法國人即使使用法文版的程式，也可以正常顯示中文字。

◆　**Python 3.0 發表**

2008 年 12 月 3 日 Python 3.0 正式發表。一般程式語言的發展會考慮到相容特性，但是 Python 3 在開發時為了不要受到先前 2.x 版本的束縛，因此沒有考慮相容特性，所以許多早期版本開發的程式是無法在 Python 3.x 版上執行。

不過為了解決這個問題，儘管發表了 Python 3.x 版本，後來陸續將 3.x 版的特性移植到 Python 2.6/2.7x 版上，所以現在我們進入 Python 基金會網站時，可以發現有 2.7x 版和 3.7x 版的軟體可以下載。

筆者經驗提醒：有一些早期開發的冒險遊戲軟體只支援 Python 2.7x 版，目前尚未支援 Python 3.7x 版。不過相信這些軟體未來也將朝向支援 Python 3.7x 版的路邁進。

Python 基金會提醒：Python 2.7x 已經被確定為最後一個 Python 2.x 的版本，目前暫定基金會對此版本的支援到 2020 年。

筆者在撰寫此書時，所有程式是以 Python 3.x 版做為撰寫此書的主要依據。

1-4 Python 的應用範圍

儘管 Python 是一個非常適合初學者學習的程式語言，在國外有許多兒童程式語言教學也是以 Python 為工具，然而它卻是一個功能強大的程式語言，下列是它的部分應用。

❑ 設計動畫遊戲。

❑ 支援圖形使用者介面 (GUI, Graphical User Interface) 開發。讀者可以參考筆者所著：Python GUI 設計活用 tkinter 之路王者歸來第三版。

❑ 資料庫開發與設計動態網頁。

❑ 科學計算與大數據分析。

❑ 人工智慧與機器學習重要模組，例如：TensorFlow、Keres、Pytorch 皆是以 Python 為主要程式語言。

❑ Google、Yahoo!、YouTube、Instagram、NASA、Dropbox(檔 案 分 享 服 務)、Reddit(社交網站)、Industrial Light & Magic(為星際大戰建立特效的公司) 在內部皆大量使用 Python 做開發工具。這些大公司使用 Python 做為主要程式語言，因為他們知道即使發現問題，在 Python 論壇也可以得到最快速的服務，例如：在台灣發現問題時，可以很快在 Facebook 的 Python Taiwan 或 Python 程式設計初級班獲得比客服更快的解答。

❑ 網路爬蟲、駭客攻防。讀者可以參考筆者所著：Python 網路爬蟲大數據擷取、清洗、儲存與分析王者歸來。

目前 Google 搜尋引擎、紐約股票交易所、NASA 航天行動的關鍵任務執行，皆是使用 Python 語言。

1-5 跨平台的程式語言

Python 是一種跨平台的程式語言，幾乎主要作業系統，例如：Windows、Mac OS、UNIX/LINUX … 等，皆可以安裝和使用。當然前提是這些作業系統內有 Python 直譯器，在 Mac OS、UNIX/LINUX 皆已經有直譯器，Windows 則須自行安裝。

跨平台的程式語言意味，你可以在某一個平台上使用 Python 設計一個程式，未來這個程式也可以在其它平台上順利運作。

1-6 系統的安裝與執行

有關安裝 Python 的步驟請參考附錄 A。下列將以 Python 3.7x 版為例做說明。請點選在附錄 A 所建，在 Windows 桌面上的 idle 圖示，將看到下列 Python Shell 視窗。

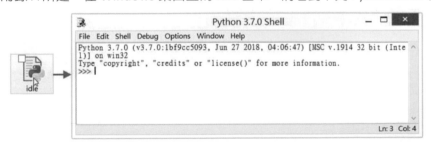

上述 >>> 符號是提示訊息，可以在此輸入 Python 指令，下列是一個簡單 print( ) 函數，目的是輸出字串，單引號或雙引號間的文字稱字串。

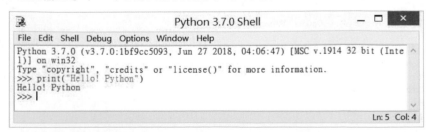

由上圖可以確定我們成功執行第一個 Python 的程式實例了。

1-7 檔案的建立、儲存、執行與開啟

如果設計一個程式每次均要在 Python Shell 視窗環境重新輸入指令的話,這是一件麻煩的事,所以程式設計時,可以將所設計的程式保存在檔案內是一件重要的事。

1-7-1 檔案的建立

在 Python Shell 視窗可以執行 File/New File,建立一個空白的 Python 檔案。

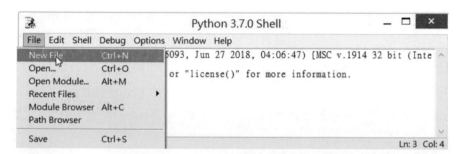

然後可以建立一個 Untitled 視窗,視窗內容是空白,下列是筆者在空白檔案內輸入一道指令的實例。

如果想要執行上述檔案,需要先儲存上述檔案。

1-7-2 檔案的儲存

可以執行 File/Save As 儲存檔案。

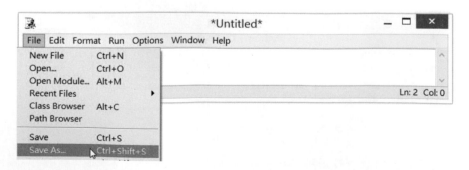

　　然後將看到另存新檔對話方塊,此例筆者將檔案儲存在 D:/Python/ch1 資料夾,檔名是 ch1_1(Python 的副檔名是 py),可以得到下列結果。

請按存檔鈕。

　　其實已經得到原標題 Untitled 已經改為 ch1_1.py 檔案了。

1-7-3　檔案的執行

　　可以執行 Run/Run Module,就可以正式執行先前所建的 ch1_1.py 檔案。

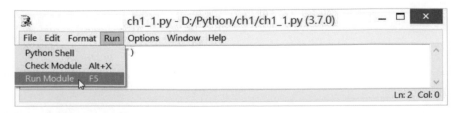

　　執行後,在原先的 Python Shell 視窗可以看到執行結果。

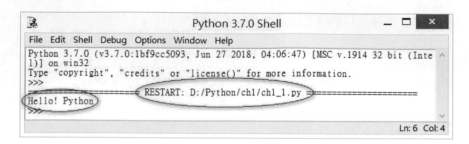

學習到此，恭喜你已經成功的建立一個 Python 檔案，同時執行成功了。

1-7-4 開啟檔案

假設已經離開 ch1_1.py 檔案，未來想要開啟這個程式檔案，可以執行 File/Open。

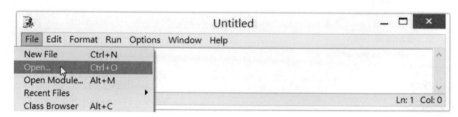

然後會出現開啟舊檔對話方塊，請選擇欲開啟的檔案即可。

【習題說明】

習題分 3 個部份，是非題、選擇題（請參考電子書，可至深智公司網站與本書程式實例共同下載）和實作題的執行過程。

習題實作題

1： 設計程式可以輸出下列 3 行資料。(1-7 節)

就讀學校

年級

姓名

```
====================== RESTART: D:/Python/ex/ex1_1.py ======================
明志科技大學
一年級
洪錦魁
```

第二章

認識變數與基本數學運算

本章將從基本數學運算開始，一步一步講解變數的使用與命名，接著介紹 Python 的算數運算。

2-1 用 Python 做計算

假設讀者到麥當勞打工，一小時可以獲得 120 元時薪，如果想計算一天工作 8 小時，可以獲得多少工資？我們可以用計算機執行 "120 * 8"，然後得到執行結果。在 Python Shell 視窗，可以使用下列方式計算。

```
>>> 120 * 8
960
>>>
```

如果一年實際工作天數是 300 天，可以用下列方式計算一年所得。

```
>>> 120 * 8 * 300
288000
>>>
>>> |
```

如果讀者一個月花費是 9000 元，可以用下列方式計算一年可以儲存多少錢。

```
>>> 9000 * 12
108000
>>> 288000 - 108000
180000
>>>
```

上述筆者先計算一年的花費，再將一年的收入減去一年的花費，可以得到所儲存的金額。本章筆者將一步一步推導應如何以程式觀念，處理一般的運算問題。

2-2 認識變數

2-2-1 基本觀念

變數是一個暫時儲存資料的地方，對於 2-1 節的內容而言，如果你今天獲得了調整時薪，時薪從 120 元調整到 125 元，如果想要重新計算一年可以儲存多少錢，你將發現所有的計算將要重新開始。為了解決這個問題，我們可以考慮將時薪設為一個變數，未來如果有調整薪資，可以直接更改變數內容即可。

在 Python 中可以用 "=" 等號設定變數的內容，在這個實例中，我們建立了一個變數 x，然後用下列方式設定時薪。

```
>>> x = 120
>>>
```

如果想要用 Python 列出時薪資料可以使用 print( ) 函數。

```
>>> print(x)
120
>>>
```

如果今天已經調整薪資，時薪從 120 元調整到 125 元，我們可以用下列方式表達。

```
>>> x = 125
>>> print(x)
125
>>>
```

註 在 Python Shell 視窗環境，也可以直接輸入變數名稱，即可獲得執行結果。

```
>>> x = 125
>>> x
125
>>>
```

　　一個程式是可以使用多個變數的，如果我們想計算一天工作 8 小時，一年工作 300 天，可以賺多少錢，假設用變數 y 儲存一年工作所賺的錢，可以用下列方式計算。

```
>>> x = 125
>>> y = x * 8 * 300
>>> print(y)
300000
>>>
```

　　如果每個月花費是 9000 元，我們使用變數 z 儲存每個月花費，可以用下列方式計算每年的花費，我們使用 a 儲存每年的花費。

```
>>> z = 9000
>>> a = z * 12
>>> print(a)
108000
>>>
```

　　如果我們想計算每年可以儲存多少錢，我們使用 b 儲存每年所儲存的錢，可以使用下列方式計算。

```
>>> x = 125
>>> y = x * 8 * 300
>>> z = 9000
>>> a = z * 12
>>> b = y - a
>>> print(b)
192000
>>>
```

從上述，我們很順利的使用 Python Shell 視窗計算了每年可以儲存多少錢的訊息，可是上述使用 Python Shell 視窗做運算潛藏最大的問題是，只要過了一段時間，我們可能忘記當初所有設定的變數是代表什麼意義。因此在設計程式時，如果可以為變數取個有意義的名稱，未來看到程式時，可以比較容易記得。下列是筆者重新設計的變數名稱：

❑ 時薪：hourly_salary，用此變數代替 x，每小時的薪資。

❑ 年薪：annual_salary，用此變數代替 y，一年工作所賺的錢。

❑ 月支出：monthly_fee，用此變數代替 z，每個月花費。

❑ 年支出：annual_fee，用此變數代替 a，每年的花費。

❑ 年儲存：annual_savings，用此變數代替 b，每年所儲存的錢。

如果現在使用上述變數重新設計程式，可以得到下列結果。

```
>>> hourly_salary = 125
>>> annual_salary = hourly_salary * 8 * 300
>>> monthly_fee = 9000
>>> annual_fee = monthly_fee * 12
>>> annual_savings = annual_salary - annual_fee
>>> print(annual_savings)
192000
>>>
```

相信經過上述說明，讀者應該了解變數的基本意義了。

2-2-2　認識變數位址意義

Python 是一個動態語言，它處理變數的觀念與一般靜態語言不同。對於靜態語言而言，例如：C, C++，當宣告變數時記憶體就會預留空間儲存此變數內容，例如：若是宣告與定義 x=10, y=10 時，記憶體內容如下所示：可參考下方左圖。

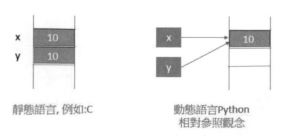

靜態語言, 例如:C　　　　動態語言Python
　　　　　　　　　　　　相對參照觀念

對於 Python 而言，變數所使用的是參照 (reference) 位址的觀念，設定一個變數 x

等於 10 時，Python 會在記憶體某個位址儲存 10，此時我們建立的變數 x 好像是一個標誌 (tags)，標誌內容是儲存 10 的記憶體位址。如果有另一個變數 y 也是 10，則是將變數 y 的標誌內容也是儲存 10 的記憶體位址，相關觀念可以參考上方右圖。

2-3　認識程式的意義

　　延續上一節的實例，如果我們時薪改變、工作天數改變或每個月的花費改變所有輸入與運算皆要重新開始，而且每次皆要重新輸入程式碼，這是一件很費勁的事，同時很可能會常常輸入錯誤，為了解決這個問題，我們可以使用 Python Shell 視窗開啟一個檔案，將上述運算儲存在檔案內，這個檔案就是所謂的程式。未來有需要時，再開啟重新運算即可。

程式實例 ch2_1.py：使用程式計算每年可以儲存多少錢，下列是整個程式設計。

```
1   # ch2_1.py
2   hourly_salary = 125
3   annual_salary = hourly_salary * 8 * 300
4   monthly_fee = 9000
5   annual_fee = monthly_fee * 12
6   annual_savings = annual_salary - annual_fee
7   print(annual_savings)
```

執行結果
```
==================== RESTART: D:\Python\ch2\ch2_1.py ====================
192000
```

　　未來我們時薪改變、工作天數改變或每個月的花費改變，只要適度修改變數內容，就可以獲得正確的執行結果。

2-4　認識註解的意義

　　上一節的程式 ch2_1.py，儘管我們已經為變數設定了有意義的名稱，其實時間一久，常常還是會忘記各個指令的內涵。所以筆者建議，設計程式時，適度的為程式碼加上註解。此外，程式註解也可讓你所設計的程式可讀性更高，更容易瞭解。在企業工作，一個實用的程式可以很輕易超過幾千或上萬行，此時你可能需設計好幾個月，程式加上註解，可方便你或他人，未來較便利瞭解程式內容，同時彼此所設計的程式可以交流與溝通。

2-4-1　註解符號

不論是使用 Python Shell 直譯器或是 Python 程式文件中，"#" 符號右邊的文字，皆是稱程式註解，Python 語言的直譯器會忽略此符號右邊的文字。可參考下列實例。

程式實例 ch2_2.py：重新設計程式 ch2_1.py，為程式碼加上註解。

```
1   # ch2_2.py
2   hourly_salary = 125                          # 設定時薪
3   annual_salary = hourly_salary * 8 * 300      # 計算年薪
4   monthly_fee = 9000                           # 設定每月花費
5   annual_fee = monthly_fee * 12                # 計算每年花費
6   annual_savings = annual_salary - annual_fee  # 計算每年儲存金額
7   print(annual_savings)                        # 列出每年儲存金額
```

執行結果　與 ch2_1.py 相同。

相信經過上述註解後，即使再過 10 年，只要一看到程式應可輕鬆瞭解整個程式的意義。

2-4-2　三個單引號或雙引號

如果要進行大段落的註解，可以用三個單引號或雙引號將註解文字包夾。

程式實例 ch2_3.py：以三個單引號當作註解。

```
1   '''
2   程式實例ch2_3.py
3   作者：洪錦魁
4   使用三個單引號當作註解
5   '''
6   print("Hello! Python")    # 列印字串
```

執行結果
```
==================== RESTART: D:/Python/ch2/ch2_3.py ====================
Hello! Python
>>>
```

三個雙引號間的文字也可以當段落註解，可參考所附的 ch2_3_1.py 檔案。

2-5　Python 變數與其它程式語言的差異

許多程式語言變數在使用前是需要先宣告，Python 對於變數的使用則是可以在需要時，再直接設定使用。有些程式語言在宣告變數時，需要設定變數的資料型態，Python 則不需要設定，它會針對變數值的內容自行設定資料型態。

2-6 變數的命名原則

Python 對於變數的命名，使用有一些規則要遵守，否則會造成程式錯誤。

❑ 必須由英文字母、_(底線) 或中文字開頭，建議使用英文字母。

❑ 變數名稱只能由英文字母、數字、_(底線) 或中文字所組成。

❑ 英文字母大小寫是敏感的，例如：Name 與 name 被視為不同變數名稱。

❑ Python 系統保留字 (或稱關鍵字) 不可當作變數名稱，會讓程式產生錯誤，Python 內建函數名稱不建議當作變數名稱。

註 雖然變數名稱可以用中文字，不過筆者不建議使用中文字，主要是怕將來有相容性的問題。

下列是不可當作變數名稱的 Python 系統保留字。

and	as	assert	break	class	continue
def	del	elif	else	except	False
finally	for	from	global	if	import
in	is	lambda	none	nonlocal	not
or	pass	raise	return	True	try
while	with	yield			

下列是不建議當作變數名稱的 Python 系統內建函數，若是不小心將系統內建函數名稱當作變數，程式本身不會錯誤，但是原先函數功能會喪失。

abs( )	all( )	any( )	apply( )	basestring( )
bin( )	bool( )	buffer( )	bytearray( )	callable( )
chr( )	classmethod( )	cmp( )	coerce( )	compile( )
complex( )	delattr( )	dict( )	dir( )	divmod( )
enumerate( )	eval( )	execfile( )	file( )	filter( )
float( )	format( )	frozenset( )	getattr( )	globals( )
hasattr( )	hash( )	help( )	hex( )	id( )
input( )	int( )	intern( )	isinstance( )	issubclass( )
iter( )	len( )	list( )	locals( )	long( )
map( )	max( )	memoryview( )	min( )	next( )

object( )	oct( )	open( )	ord( )	pow( )
print( )	property( )	range( )	raw_input( )	reduce( )
reload( )	repr( )	reversed( )	round( )	set( )
setattr( )	slice( )	sorted( )	staticmethod( )	str( )
sum( )	super( )	tuple( )	type( )	unichr( )
unicode( )	vars( )	xrange( )	zip( )	_import( )

實例 1：下列是一些不合法的變數名稱。

```
sum,1              # 變數不可有 ","
3y                 # 變數不可由阿拉伯數字開頭
x$2                # 變數不可有 "$" 符號
and                # 這是系統保留字不可當作變數名稱
```

實例 2：下列是一些合法的變數名稱。

```
SUM
_fg
x5
總和                # 變數名稱可以是中文
```

◆ Python 寫作風格 (Python Enhancement Proposals) - PEP 8

　　吉多‧范羅姆蘇 (Guido van Rossum) 被尊稱 Python 之父，在 Python 領域他有編寫程式的風格，一般人將此稱 Python 風格 PEP(Python Enhancement Proposals)，常看到有些文件稱此風格為 PEP 8，這個 8 不是版本編號，PEP 有許多文件提案其中編號 8 是講 Python 程式設計風格，所以一般人又稱 Python 寫作風格為 PEP 8。在這個風格下，變數名稱建議是用小寫字母，如果變數名稱需用 2 個英文字表達時，建議此文字間用底線連接。例如 2-2-1 節的年薪變數，英文是 annual salary，我們可以用 annual_salary 當作變數。

　　在執行運算時，在運算符號左右兩邊增加空格，例如：

```
x = y + z                      # 符合 Python 風格
x = (y + z)                    # 符合 Python 風格
x = y+z                        # 不符合 Python 風格
x = (y+z)                      # 不符合 Python 風格
```

　　完整的 Python 寫作風格可以參考下列網址：

　　www.python.org/dev/peps/pep-0008

　　上述僅將目前所學做說明，未來筆者還會逐步解說。註：程式設計時如果不採用 Python 風格，程式仍可以執行，不過 Python 之父吉多‧范羅姆蘇認為寫程式應該是給人看的，所以更應該寫讓人易懂的程式。

2-7 基本數學運算

2-7-1　四則運算

　　Python 的四則運算是指加 (+)、減 (-)、乘 (*) 和除 (/)。

實例 1：下列是加法與減法運算實例。

```
>>> x = 5 + 6          # 將5加6設定給變數x
>>> print(x)
11
>>>
>>> x = 5 + 6          # 將5加6設定給變數x
>>> print(x)
11
>>> y = x - 10         # 將x減10設定給變數y
>>> print(y)
1
>>>
```

實例 2：乘法與除法運算實例。

```
>>> x = 5 * 9          # 將5乘以9設定給變數x
>>> print(x)
45
>>> y = 9 / 5          # 將9除以5設定給變數y
>>> print(y)
1.8
>>>
```

2-7-2　餘數和整除

　　餘數 (mod) 所使用的符號是 "%"，可計算出除法運算中的餘數。整除所使用的符號是 "//"，是指除法運算中只保留整數部分。

實例 1：餘數和整除運算實例。

```
>>> x = 9 % 5          # 將9除以5的餘數設定給變數x
>>> print(x)
4
>>> y = 9 // 2         # 將9除以2的整數結果設定給變數y
>>> print(y)
4
>>>
```

2-7-3 次方

次方的符號是 " ** "，如果是開根號，可以使用 0.5。

實例 1：平方、次方的運算實例。

```
>>> x = 3 ** 2
>>> print(x)
9
>>> y = 4 ** 0.5
>>> print(y)
2.0
>>>
```

2-7-4 Python 語言控制運算的優先順序

Python 語言碰上計算式同時出現在一個指令內時，除了括號 " ( ) " 內部運算最優先外，其餘計算優先次序如下。

1： 次方

2： 乘法、除法、求餘數 (%)、求整數 (//)，彼此依照出現順序運算。

3： 加法、減法，彼此依照出現順序運算。

實例 1：Python 語言控制運算的優先順序的應用。

```
>>> x = (5 + 6) * 8 - 2
>>> print(x)
86
>>> y = 5 + 6 * 8 - 2
>>> print(y)
51
>>> z = 2 * 3**3 * 2
>>> print(z)
108
```

2-8 指派運算子

常見的指派運算子如下，下表是以 a = 5 做說明：

運算子	實例	說明	結果
+=	a += 5	a = a + 5	10
-=	a -= 5	a = a - 5	0

*=	a *= 5	a = a * 5	25
/=	a /= 5	a = a / 5	1
%=	a %= 5	a = a % 5	0
//=	a //= 5	a = a // 5	1
**=	a **= 5	a = a ** 5	3125

2-9 Python 等號的多重指定使用

使用 Python 時，可以一次設定多個變數等於某一數值。

實例 1：設定多個變數等於某一數值的應用。

```
>>> x = y = z = 10
>>> print(x)
10
>>> print(y)
10
>>> print(z)
10
>>>
```

Python 也允許多個變數同時指定不同的數值。

實例 2：設定多個變數，每個變數有不同值。

```
>>> x, y, z = 10, 20, 30
>>> print(x, y, z)
10 20 30
>>>
```

當執行上述多重設定變數值後，甚至可以執行更改變數內容。

實例 3：將 2 個變數內容交換。

```
>>> x, y = 10, 20
>>> print(x, y)
10 20
>>> x, y = y, x
>>> print(x, y)
20 10
>>>
```

上述原先 x, y 分別設為 10, 20，但是經過多重設定後變為 20, 10。

2-10 Python 的斷行

在設計大型程式時，常會碰上一個敘述很長，需要分成 2 行或更多行撰寫，此時可以在敘述後面加上 "\" 符號，Python 解譯器會將下一行的敘述視為這一行的敘述。特別注意，在 "\" 符號右邊不可加上任何符號或文字，即使是註解符號也是不允許。

另外，也可以在敘述內使用小括號，如果使用小括號，就可以在敘述右邊加上註解符號。

程式實例 ch2_4.py：將一個敘述分成多行的應用。

```
 1  # ch2_4.py
 2  a = b = c = 10
 3  x = a + b + c + 12
 4  print(x)
 5  # 續行方法1
 6  y = a +\
 7      b +\
 8      c +\
 9      12
10  print(y)
11  # 續行方法2
12  z = ( a +        # 此處可以加上註解
13        b +
14        c +
15        12 )
16  print(z)
```

執行結果
```
==================== RESTART: D:\Python\ch2\ch2_4.py ====================
42
42
42
>>>
```

2-11 專題設計

2-11-1 銀行存款複利的計算

程式實例 ch2_5.py：銀行存款複利的計算，假設目前銀行年利率是 1.5%，複利公式如下：

本金和 = 本金 * (1 + 年利率)^n　　　　　#n 是年

你有一筆 5 萬元，請計算 5 年後的本金和。

```
1  # ch2_5.py
2  money = 50000 * ( 1 + 0.015 ) ** 5
3  print(money)
```

執行結果
```
==================== RESTART: D:/Python/ch2/ch2_5.py ====================
53864.20019421873
>>>
```

2-11-2 數學運算 - 計算圓面積與周長

程式實例 ch2_6.py：假設圓半徑是 5 公分，圓面積與圓周長計算公式分別如下：

圓面積 = PI * r * r   # PI = 3.14159, r 是半徑
圓周長 = 2 * PI * r

```
1  # ch2_6.py
2  PI = 3.14159
3  r = 5
4  print("圓面積:單位是平方公分")
5  area = PI * r * r
6  print(area)
7  circumference = 2 * PI * r
8  print("圓周長:單位是公分")
9  print(circumference)
```

執行結果
```
==================== RESTART: D:\Python\ch2\ch2_6.py ====================
圓面積:單位是平方公分
78.53975
圓周長:單位是公分
31.4159
```

2-11-3 計算一元一次方程式的值

一元一次方程式，其實是線性方程式，相關變數 x 值計算方式如下。

程式實例 ch2_7.py：計算下列一元一次方程式的 x 值。

$$5x + 3 = 18$$

```
1  # ch2_7.py
2  x = (18 - 3) / 5
3  print('5x + 3 = 18, x的結果是')
4  print(x)
```

執行結果
```
==================== RESTART: D:/Python/ch2/ch2_7.py ====================
5x + 3 = 18, x的結果是
3.0
```

習題實作題

1： 請重新設計 ch2_1.py，將每小時打工時薪改為 150 元。(2-3 節)

252000

```
==================== RESTART: D:\Python\ex\ex2_1.py ====================
252000
```

2： 一個幼稚園買了 100 個蘋果給學生當營養午餐，學生人數是 23 人，每個人午餐可以吃一顆，請問這些蘋果可以吃幾天，然後第幾天會產生蘋果不夠供應，同時列出少了幾顆。(2-7 節)

```
==================== RESTART: D:\Python\ex\ex2_2.py ====================
蘋果可以吃的天數
4
第幾天產生蘋果不足供應
5
不足數量
15
```

3： 地球和月球的距離是 384400 公里，假設火箭飛行速度是每分鐘 400 公里，請問從地球飛到月球需要多少分鐘。(2-7 節)

```
==================== RESTART: D:\Python\ex\ex2_3.py ====================
地球到月球所需分鐘總數
961.0
```

4： 重新設計 ch2_5.py，假設期初本金是 100000 元，假設年利率是 2%，請問 10 年後本金總和是多少。(2-11 節)

```
==================== RESTART: D:\Python\ex\ex2_4.py ====================
121899.44199947573
```

5： 重新設計 ch2_5.py，假設是單利率，5 年期間可以領多少利息。(2-11 節)

```
==================== RESTART: D:\Python\ex\ex2_5.py ====================
利息總和
3750.0
```

6： 請計算下列一元一次方程式的 x 值。(2-11 節)

8x- 7 = 57

```
==================== RESTART: D:/Python/ex/ex2_6.py ====================
8x - 7 = 57, x的結果是
8.0
```

第三章

Python 的基本資料型態

Python 的基本資料型態有下列幾種：

❑ 數值資料型態 (numeric type)：常見的數值資料又可分成整數 (int)、浮點數 (float)，不論是整數或浮點數皆是可以是任意大小。

❑ 布林值 (Boolean) 資料型態：也可歸為數值資料型態。

❑ 文字序列型態 (text sequence type)：也就是字串 (string) 資料型態。

❑ 序列型態 (sequence type)：list(第 6 章說明)、tuple(第 8 章說明)。

❑ 對映型態 (mapping type)：dict(第 9 章說明)。

❑ 集合型態 (set type)：集合 set(第 10 章說明)。

3-1　type( ) 函數

在正式介紹 Python 的資料型態前，筆者想介紹一個函數 type( )，這個函數可以列出變數的資料型態類別。這個函數在各位未來進入 Python 實戰時非常重要，因為變數在使用前不需要宣告，同時在程式設計過程變數的資料型態會改變，我們常常需要使用此函數判斷目前的變數資料型態。或是在進階 Python 應用中，我們會呼叫一些方法 (method)，這些方法會傳回一些資料，可以使用 type( ) 獲得所傳回的資料型態。

程式實例 ch3_1.py：列出數值變數的資料型態。

```
1  # ch3_1.py
2  x = 10
3  y = x / 3
4  print(x)
5  print(type(x))
6  print(y)
7  print(type(y))
```

執行結果

```
==================== RESTART: D:/Python/ch3/ch3_1.py ====================
10
<class 'int'>
3.3333333333333335
<class 'float'>
>>>
```

從上述執行結果可以看到，變數 x 的內容是 10，資料型態是整數 (int)。變數 y 的內容是 3.3…3，資料型態是浮點數 (float)。

3-2 數值資料型態

Python 在宣告變數時可以不用設定這個變數的資料型態，未來如果這個變數內容是放整數，這個變數就是整數 (int) 資料型態，如果這個變數內容是放浮點數，這個變數就是浮點數資料型態。整數與浮點數最大的區別是，整數是不含小數點，浮點數是含小數點。

3-2-1 整數與浮點數的運算

Python 程式設計時不相同資料型態也可以執行運算，程式設計時常會發生整數與浮點數之間的資料運算，Python 具有簡單自動轉換能力，在計算時會將整數轉換為浮點數再執行運算。

程式實例 ch3_2.py：不同資料型態的運算。

```
1   # ch3_2.py
2   x = 10
3   y = x + 5.5
4   print(x)
5   print(type(x))
6   print(y)
7   print(type(y))
```

執行結果
```
==================== RESTART: D:/Python/ch3/ch3_2.py ====================
10
<class 'int'>
15.5
<class 'float'>
>>>
```

上述變數 y，由於是整數與浮點數的加法，所以結果是浮點數。此外，某一個變數如果是整數，但是如果最後所儲存的值是浮點數，Python 也會將此變數轉成浮點數。

程式實例 ch3_3.py：整數轉換成浮點數的應用。

```
1   # ch3_3.py
2   x = 10
3   print(x)
4   print(type(x))          # 加法前列出x資料型態
5   x = x + 5.5
6   print(x)
7   print(type(x))          # 加法後列出x資料型態
```

執行結果
```
==================== RESTART: D:/Python/ch3/ch3_3.py ====================
10
<class 'int'>
15.5
<class 'float'>
>>>
```

原先變數 x 所儲存的值是整數，所以列出是整數。後來儲存了浮點數，所以列出是浮點數。

3-2-2　強制資料型態的轉換

有時候我們設計程式時，可以自行強制使用下列函數，轉換變數的資料型態。

int( )：將資料型態強制轉換為整數。

float( )：將資料型態強制轉換為浮點數。

程式實例 ch3_4.py：將浮點數與整數互相轉換的運算。

```
1   # ch3_4.py
2   x = 10.5
3   print(x)
4   print(type(x))        # 加法前列出x資料型態
5   y = int(x) + 5
6   print(y)
7   print(type(y))        # 加法後列出y資料型態
8   z = float(y) + 5
9   print(z)
10  print(type(z))        # 加法後列出z資料型態
```

執行結果

```
==================== RESTART: D:/Python/ch3/ch3_4.py ====================
10.5
<class 'float'>
15
<class 'int'>
20.0
<class 'float'>
>>>
```

3-2-3　數值運算常用的函數

下列是數值運算時常用的函數。

☐ abs( )：計算絕對值。

☐ pow(x,y)：返回 x 的 y 次方。

☐ round( )：這是採用演算法則的 Bankers Rounding 觀念，如果處理位數左邊是奇數則使用四捨五入，如果處理位數左邊是偶數則使用五捨六入，例如：round(1.5)=2，round(2.5)=2。

處理小數時，第 2 個參數代表取到小數第幾位，小數位數的下一個小數位數採用 "5" 以下捨去，"51" 以上進位，例如：round(2.15,1)=2.1，round(2.25,1)=2.2，round(2.151,1)=2.2，round(2.251,1)=2.3。

程式實例 ch3_5.py：abs( )、pow( )、round( ) 函數的應用。

```
1   # ch3_5.py
2   x = -10
3   print("以下輸出abs( )函數的應用")
4   print(x)              # 輸出x變數
5   print(abs(x))         # 輸出abs(x)
6   x = 5
7   y = 3
8   print("以下輸出pow( )函數的應用")
9   print(pow(x, y))      # 輸出pow(x,y)
10  x = 47.5
11  print("以下輸出round(x)函數的應用")
12  print(x)              # 輸出x變數
13  print(round(x))       # 輸出round(x)
14  x = 48.5
15  print(x)              # 輸出x變數
16  print(round(x))       # 輸出round(x)
17  x = 49.5
18  print(x)              # 輸出x變數
19  print(round(x))       # 輸出round(x)
20  print("以下輸出round(x,n)函數的應用")
21  x = 2.15
22  print(x)              # 輸出x變數
23  print(round(x,1))     # 輸出round(x,1)
24  x = 2.25
25  print(x)              # 輸出x變數
26  print(round(x,1))     # 輸出round(x,1)
27  x = 2.151
28  print(x)              # 輸出x變數
29  print(round(x,1))     # 輸出round(x,1)
30  x = 2.251
31  print(x)              # 輸出x變數
32  print(round(x,1))     # 輸出round(x,1)
```

執行結果

```
===================== RESTART: D:\Python\ch3\ch3_5.py =====================
以下輸出abs( )函數的應用
-10
10
以下輸出pow( )函數的應用
125
以下輸出round(x)函數的應用
47.5
48
48.5
48
49.5
50
以下輸出round(x,n)函數的應用
2.15
2.1
2.25
2.2
2.151
2.2
2.251
2.3
>>>
```

3-3 布林值資料型態

　　Python 的布林值 (Boolean) 資料型態的值有兩種，True(真) 或 False(偽)，它的資料型態代號是 bool。這個布林值一般是應用在程式流程的控制，特別是在條件運算式中，程式可以根據這個布林值判斷應該如何執行工作。

程式實例 ch3_6.py：列出布林值與布林值的資料型態。

```
1   # ch3_6.py
2   x = True
3   print(x)
4   print(type(x))        # 列出x資料型態
5   y = False
6   print(y)
7   print(type(y))        # 列出y資料型態
```

執行結果

```
==================== RESTART: D:/Python/ch3/ch3_6.py ====================
True
<class 'bool'>
False
<class 'bool'>
>>>
```

3-4 字串資料型態

　　所謂的字串 (string) 資料是指兩個單引號 (') 之間或是兩個雙引號 (") 之間任意個數字元符號的資料，它的資料型態代號是 str。在英文字串的使用中常會發生某字中間有單引號，其實這是文字的一部份，如下所示：

This is James's ball

如果我們用單引號去處理上述字串將產生錯誤，如下所示：

```
>>> x = 'This is James's ball'
SyntaxError: invalid syntax
>>>
```

碰到這種情況，我們可以用雙引號解決，如下所示：

```
>>> x = "This is James's ball"
>>> print(x)
This is James's ball
>>>
```

另一種方式是使用逸出字元 (Escape character) 方式處理，可以參考 3-4-4 節。

程式實例 ch3_7.py：使用單引號與雙引號設定與輸出字串資料的應用。

```
1   # ch3_7.py
2   x = "DeepStone means Deep Learning"      # 雙引號設定字串
3   print(x)
4   print(type(x))                           # 列出x字串資料型態
5   y = '深石數位 - 深度學習滴水穿石'          # 單引號設定字串
6   print(y)
7   print(type(y))                           # 列出y字串資料型態
```

執行結果
```
==================== RESTART: D:/Python/ch3/ch3_7.py ====================
DeepStone means Deep Learning
<class 'str'>
深石數位 - 深度學習滴水穿石
<class 'str'>
>>>
```

3-4-1　字串的連接使用 '+'

數學的運算子 "+"，可以執行兩個字串相加，產生新的字串。

程式實例 ch3_8.py：字串連接的應用。

```
1   # ch3_8.py
2   num1 = 222
3   num2 = 333
4   num3 = num1 + num2
5   print("以下是數值相加")
6   print(num3)
7   numstr1 = "222"
8   numstr2 = "333"
9   numstr3 = numstr1 + numstr2
10  print("以下是由數值組成的字串相加")
11  print(numstr3)
12  numstr4 = numstr1 + " " + numstr2
13  print("以下是由數值組成的字串相加, 同時中間加上一空格")
14  print(numstr4)
15  str1 = "DeepStone "
16  str2 = "Deep Learning"
17  str3 = str1 + str2
18  print("以下是一般字串相加")
19  print(str3)
```

執行結果
```
==================== RESTART: D:/Python/ch3/ch3_8.py ====================
以下是數值相加
555
以下是由數值組成的字串相加
222333
以下是由數值組成的字串相加,同時中間加上一空格
222 333
以下是一般字串相加
DeepStone Deep Learning
>>>
```

3-4-2　字串重複使用 '*'

將字串與數字 n 相乘，可以得到重複顯示字串 n 次。

實例 1：字串重複的應用。

```
>>> string = 'abc' * 5
>>> print(string)
abcabcabcabcabc
```

3-4-3　處理多於一行的字串

程式設計時如果字串長度多於一行，可以使用三個單引號 (或是 3 個雙引號) 將字串包夾即可。另外須留意，如果字串多於一行我們常常會使用按 Enter 鍵方式處理，造成字串間多了分行符號。如果要避免這種現象，可以在行末端增加 "\" 符號，這樣可以避免字串內增加分行符號。

另外，也可以使用 " 符號，但是在定義時在行末端增加 "\"(可參考下列程式 8-9 行)，或是使用小括號定義字串 (可參考下列程式 11-12 行)。

程式實例 ch3_9.py：使用三個單引號處理多於一行的字串，str1 的字串內增加了分行符號，str2 字串是連續的沒有分行符號，str3 和 str4 仍將被視為是單個字串只是分 2 行輸出。

```
 1  # ch3_9.py
 2  str1 = '''Silicon Stone Education is an unbiased organization
 3  concentrated on bridging the gap ... '''
 4  print(str1)                      # 字串內有分行符號
 5  str2 = '''Silicon Stone Education is an unbiased organization \
 6  concentrated on bridging the gap ... '''
 7  print(str2)                      # 字串內沒有分行符號
 8  str3 = "Silicon Stone Education is an unbiased organization " \
 9         "concentrated on bridging the gap ... "
10  print(str3)                      # 使用\符號
11  str4 = ("Silicon Stone Education is an unbiased organization "
12         "concentrated on bridging the gap ... ")
13  print(str4)                      # 使用小括號
```

執行結果

```
=================== RESTART: D:/Python/ch3/ch3_9.py ===================
Silicon Stone Education is an unbiased organization
concentrated on bridging the gap ...
Silicon Stone Education is an unbiased organization concentrated on bridging the gap ...
Silicon Stone Education is an unbiased organization concentrated on bridging the gap ...
Silicon Stone Education is an unbiased organization concentrated on bridging the gap ...
```

此外，讀者可以留意第 2 行 Silicon 左邊的 3 個單引號和第 3 行末端的 3 個單引號，另外，上述第 2 行若是少了 "str1 = "，3 個單引號間的跨行字串就變成了程式的註解。

上述第 8 行和第 9 行看似 2 個字串，但是第 8 行末端增加 "\" 字元，換行功能會失效所以這 2 行會被連接成 1 行，所以可以獲得一個字串。最後第 11 和 12 行小括號內的敘述會被視為 1 行，所以第 11 和 12 行也將建立一個字串。

3-4-4　逸出字元

在字串使用中，如果字串內有一些特殊字元，例如：單引號、雙引號 … 等，必須在此特殊字元前加上 "\"(反斜線)，才可正常使用，這種含有 "\" 符號的字元稱逸出字元 (Escape Character)。

逸出字元	Hex 值	意義	逸出字元	Hex 值	意義
\'	27	單引號	\n	0A	換行
\"	22	雙引號	\o		8 進位表示
\\	5C	反斜線	\r	0D	游標移至最左位置
\a	07	響鈴	\x		16 進位表示
\b	08	BackSpace 鍵	\t	09	Tab 鍵效果
\f	0C	換頁	\v	0B	垂直定位

字串使用中特別是碰到字串含有單引號時，如果你是使用單引號定義這個字串時，必須要使用此逸出字元，才可以順利顯示，可參考 ch3_10.py 的第 3 行。如果是使用雙引號定義字串則可以不必使用逸出字元，可參考 ch3_10.py 的第 6 行。

程式實例 ch3_10.py：逸出字元的應用，這個程式第 9 行增加 "\t" 字元，所以 "can't" 跳到下一個 Tab 鍵位置輸出。同時有 "\n" 字元，這是換行符號，所以 "loving" 跳到下一行輸出。

```
1   # ch3_10.py
2   #以下輸出使用單引號設定的字串, 需使用\'
3   str1 = 'I can\'t stop loving you.'
4   print(str1)
5   #以下輸出使用雙引號設定的字串, 不需使用\'
6   str2 = "I can't stop loving you."
7   print(str2)
8   #以下輸出有\t和\n字元
9   str3 = "I \tcan't stop \nloving you."
10  print(str3)
```

| 執行結果 | ```
======================== RESTART: D:/Python/ch3/ch3_10.py ========================
I can't stop loving you.
I can't stop loving you.
I        can't stop
loving you.
>>>
``` |
|---|---|

3-4-5　強制轉換為字串 str( )

str( ) 函數可以強制將數值資料轉換為字串資料。

程式實例 ch3_11.py：使用 str( ) 函數將數值資料強制轉換為字串的應用。

```
1  # ch3_11.py
2  num1 = 222
3  num2 = 333
4  num3 = num1 + num2
5  print("這是數值相加")
6  print(num3)
7  str1 = str(num1) + str(num2)
8  print("強制轉換為字串相加")
9  print(str1)
```

| 執行結果 | ```
======================== RESTART: D:/Python/ch3/ch3_11.py ========================
這是數值相加
555
強制轉換為字串相加
222333
>>>
``` |
|---|---|

　　　上述字串相加，讀者可以想成是字串連接執行結果是一個字串，所以上述執行結果 555 是數值資料，222333 則是一個字串。

3-4-6　字元資料的轉換

　　　如果字串含一個字元或一個文字時，我們可以使用下列執行資料的轉換。

❏ chr(x)：可以傳回函數 x 值的字元，x 是 ASCII 碼值 (可參考附錄 B)。

❏ ord(x)：可以傳回函數字元參數 x 的 Unicode 碼值，如果是中文字也可傳回 Unicode 碼值。如果是英文字元，Unicode 碼值與 ASCII 碼值是一樣的。

程式實例 ch3_12.py：這個程式首先會將整數 97 轉換成英文字元 'a'，然後將字元 'a' 轉換成 Unicode 碼值，最後將中文字 ' 魁 ' 轉成 Unicode 碼值。

```
1  # ch3_12.py
2  x1 = 97
3  x2 = chr(x1)
```

```
4    print(x2)              # 輸出數值97的字元
5    x3 = ord(x2)
6    print(x3)              # 輸出字元x3的Unicode碼值
7    x4 = '魁'
8    print(ord(x4))         # 輸出字元'魁'的Unicode碼值
```

執行結果
```
==================== RESTART: D:/Python/ch3/ch3_12.py ====================
a
97
39745
>>>
```

3-4-7　聰明的使用字串加法和換行字元 \n

　　有時設計程式時，想將字串分行輸出，可以使用字串加法功能，在加法過程中加上換行字元 "\n" 即可產生字串分行輸出的結果。

程式實例 ch3_13.py：將資料分行輸出的應用。

```
1    # ch3_13.py
2    str1 = "洪錦魁著作"
3    str2 = "HTML5+CSS3王者歸來"
4    str3 = "Python程式語言王者歸來"
5    str4 = str1 + "\n" + str2 + "\n" + str3
6    print(str4)
```

執行結果
```
==================== RESTART: D:/Python/ch3/ch3_13.py ====================
洪錦魁著作
HTML5+CSS3王者歸來
Python程式語言王者歸來
>>>
```

3-4-8　字串前加 r

　　在使用 Python 時，如果在字串前加上 r，可以防止逸出字元 (Escape Character) 被轉譯，可參考 3-4-3 節的逸出字元表，相當於可以取消逸出字元的功能。

實例 1：字串前不含 r 的應用。

```
>>> str1 = 'Hello!\nPython'
>>> print(str1)
Hello!
Python
```

實例 2：字串前含 r 的應用。

```
>>> str2 = r'Hello!\nPython'
>>> print(str2)
Hello!\nPython
```

3-5 專題設計

3-5-1 計算地球到月球所需時間

馬赫 (Mach number) 是音速的單位，主要是紀念奧地利科學家恩斯特馬赫 (Ernst Mach)，一馬赫就是一倍音速，它的速度大約是每小時 1225 公里。

程式實例 ch3_14.py：從地球到月球約是 384400 公里，假設火箭的速度是一馬赫，設計一個程式計算需要多少天、多少小時才可抵達月球。這個程式省略分鐘數。

```
1   # ch3_14.py
2   dist = 384400                    # 地球到月亮距離
3   speed = 1225                     # 馬赫速度每小時1225公里
4   total_hours = dist // speed      # 計算小時數
5   days = total_hours // 24         # 商 = 計算天數
6   hours = total_hours % 24         # 餘數 = 計算小時數
7   print("總供需要天數")
8   print(days)
9   print("小時數")
10  print(hours)
```

執行結果

```
==================== RESTART: D:/Python/ch3/ch3_14.py ====================
總供需要天數
13
小時數
1
>>>
```

由於筆者尚未介紹完整的程式輸出，所以使用上述方式輸出，下一章筆者會改良上述程式。Python 之所以可以成為當今的最流行的程式語言，主要是它有豐富的函數庫與方法，上述求商 (第 5 行)，餘數 (第 6 行)，其實可以用 divmod( ) 函數一次取得。觀念如下：

```
商 , 餘數 = divmod( 被除數 , 除數 )        # 函數方法
days, hours = divmod(total_hours, 24)     # 本程式應用方式
```

程式實例 ch3_15.py：使用 divmod( ) 函數重新設計 ch3_14.py。

```
1   # ch3_15.py
2   dist = 384400                           # 地球到月亮距離
3   speed = 1225                            # 馬赫速度每小時1225公里
4   total_hours = dist // speed             # 計算小時數
5   days, hours = divmod(total_hours, 24)   # 商和餘數
6   print("總供需要天數")
7   print(days)
8   print("小時數")
9   print(hours)
```

執行結果 與 ch3_14.py 相同。

3-5-2 計算座標軸 2 個點之間的距離

有 2 個點座標分別是 (x1, y1)、(x2, y2),求 2 個點的距離,其實這是國中數學的畢氏定理,基本觀念是直角三角形兩邊長的平方和等於斜邊的平方。

$$a^2 + b^2 = c^2$$

所以對於座標上的 2 個點我們必須計算相對直角三角形的 2 個邊長,假設 a 是 (x1-x2) 和 b 是 (y1-y2),然後計算斜邊長 c,這個斜邊長就是 2 點的距離,觀念如下:

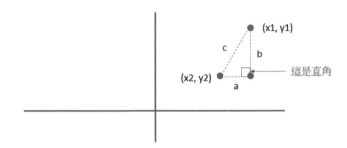

計算公式如下:

$$\sqrt{(x1 - x2)^2 + (y1 - y2)^2}$$

可以將上述公式轉成下列電腦數學表達式。

dist = ((x1 − x2)^2 + (y1 − y2)^2) ** 0.5   # ** 0.5 相當於開根號

在人工智慧的應用中,我們常用點座標代表某一個物件的特徵 (feature),計算 2 個點之間的距離,相當於可以了解物體間的相似程度。如果距離越短代表相似度越高,距離越長代表相似度越低。

程式實例 ch3_16.py:有 2 個點座標分別是 (1, 8) 與 (3, 10),請計算這 2 點之間的距離。

```
1  # ch3_16.py
2  x1 = 1
3  y1 = 8
4  x2 = 3
5  y2 = 10
6  dist = ((x1 - x2) ** 2 + ((y1 - y2) ** 2)) ** 0.5
7  print("2點的距離是")
8  print(dist)
```

執行結果

```
==================== RESTART: D:/Python/ch3/ch3_16.py ====================
2點的距離是
2.8284271247461903
```

3-5-3　計算圓周率

圓周率 PI 是一個數學常數，常常使用希臘字表示，在計算機科學則使用 PI 代表。它的物理意義是圓的周長和直徑的比率。歷史上第一個無窮級數公式稱萊布尼茲級數，它的計算公式如下：

$$PI = 4 * (1 - \frac{1}{3} + \frac{1}{5} - \frac{1}{7} + \frac{1}{9} - \frac{1}{11} + \cdots)$$

程式實例 ch3_17.py：請計算下列級數的執行結果。

$$PI = 4 * (1 - \frac{1}{3} + \frac{1}{5} - \frac{1}{7} + \frac{1}{9})$$

$$PI = 4 * (1 - \frac{1}{3} + \frac{1}{5} - \frac{1}{7} + \frac{1}{9} - \frac{1}{11})$$

$$PI = 4 * (1 - \frac{1}{3} + \frac{1}{5} - \frac{1}{7} + \frac{1}{9} - \frac{1}{11} + \frac{1}{13})$$

```
1  # ch3_17.py
2  PI = 4 * (1 - 1/3 + 1/5 - 1/7 + 1/9)
3  print("PI的公式值：4 * (1 - 1/3 + 1/5 - 1/7 + 1/9)")
4  print(PI)
5  PI = 4 * (1 - 1/3 + 1/5 - 1/7 + 1/9 - 1/11)
6  print("PI的公式值：4 * (1 - 1/3 + 1/5 - 1/7 + 1/9 - 1/11)")
7  print(PI)
8  PI = 4 * (1 - 1/3 + 1/5 - 1/7 + 1/9 - 1/11 + 1/13)
9  print("PI的公式值：4 * (1 - 1/3 + 1/5 - 1/7 + 1/9 - 1/11 + 1/13)")
10 print(PI)
```

執行結果

```
==================== RESTART: D:/Python/ch3/ch3_17.py ====================
PI的公式值：4 * (1 - 1/3 + 1/5 - 1/7 + 1/9)
3.3396825396825403
PI的公式值：4 * (1 - 1/3 + 1/5 - 1/7 + 1/9 - 1/11)
2.9760461760461765
PI的公式值：4 * (1 - 1/3 + 1/5 - 1/7 + 1/9 - 1/11 + 1/13)
3.2837384837384844
```

註　上述級數要收斂到我們熟知的 3.14159 要相當長的級數計算。

　　萊布尼茲 (Leibniz)(1646 - 1716 年) 是德國人，在世界數學舞台佔有一定份量，他本人另一個重要職業是律師，許多數學公式皆是在各大城市通勤期間完成。數學歷史有一個 2 派說法的無解公案，有人認為他是微積分的發明人，也有人認為發明人是牛頓 (Newton)。

習題實作題

1： 假設 a 是 10，b 是 18，c 是 5，請計算下列執行結果，取整數結果。(3-2 節)

(a) s = a + b − c　　　　　(b) s = 2 * a + 3 − c　　　　　(c) s = b * c + 20 / b

(d) s = a % c * b + 10　　　(e) s = a ** c − a * b * c

```
==================== RESTART: D:\Python\ex\ex3_1.py ====================
13
18
42.5
10
99600
```

2： 假設期初本金是 100000 元，假設年利率是 2%，請問 10 年後本金總和是多少。，請使用 int( ) 函數，以整數列出本金和。(3-2 節)

```
==================== RESTART: D:\Python\ex\ex3_2.py ====================
本金和
121899
```

3： 請重新設計 ex3_2.py，請使用 round( ) 函數，以整數列出本金和。(3-2 節)

```
==================== RESTART: D:\Python\ex\ex3_3.py ====================
本金和
121899
```

4： 地球和月球的距離是 384400 公里，假設火箭飛行速度是每分鐘 250 公里，請問從地球飛到月球需要多少天、多少小時、多少分鐘，請捨去秒鐘。(3-2 節)

```
==================== RESTART: D:\Python\ex\ex3_4.py ====================
天總數
1
小時數
25
分鐘數
37
```

5：　圓面積公式是 PI * r^2，假設半徑是 5 公分，請捨去小數列出整數面積。(3-2 節)

```
==================== RESTART: D:\Python\ex\ex3_5.py ====================
圓面積
78
```

6：　請列出你自己名字的 Unicode 碼值。(3-4 節)

```
==================== RESTART: D:\Python\ex\ex3_6.py ====================
洪
27946
錦
37670
魁
39745
```

7：　請重新設計 ch3_16.py，使用 round( ) 函數計算到小數第 2 位。(3-5 節)

```
==================== RESTART: D:/Python/ex/ex3_7.py ====================
2點的距離是
2.83
```

8：　古印度天文學家尼拉卡莎–薩默 (Nilakantha Somayaji) 所發明的尼拉卡莎級數也
是應用於計算圓周率 PI 的級數，此級數收斂的數度比萊布尼茲集數更好，更適合
於用來計算 PI，它的計算公式如下：(3-5 節)

$$PI = 3 + \frac{4}{2*3*4} - \frac{4}{4*5*6} + \frac{4}{6*7*8} - \cdots$$

請分別設計下列級數的執行結果。

(a)：$PI = 3 + \frac{4}{2*3*4} - \frac{4}{4*5*6} + \frac{4}{6*7*8}$

(b)：$PI = 3 + \frac{4}{2*3*4} - \frac{4}{4*5*6} + \frac{4}{6*7*8} - \frac{4}{8*9*10}$

```
==================== RESTART: D:/Python/ex/ex3_8.py ====================
PI的公式值：3 + 4/(2*3*4) - 4/(4*5*6) + 4/(6*7*8)
3.145238095238095
PI的公式值：3 + 4/(2*3*4) - 4/(4*5*6) + 4/(6*7*8) - 4/(8*9*10)
3.1396825396825396
```

第四章

基本輸入與輸出

本章基本上將介紹如何在螢幕上做輸入與輸出，另外也將講解使用 Python 內建的實用功能。

4-1　Python 的輔助說明 help( )

help( ) 函數可以列出某一個 Python 的指令或函數的使用說明。

實例 1：列出輸出函數 print( ) 的使用說明。

```
>>> help(print)
Help on built-in function print in module builtins:

print(...)
    print(value, ..., sep=' ', end='\n', file=sys.stdout, flush=False)

    Prints the values to a stream, or to sys.stdout by default.
    Optional keyword arguments:
    file:  a file-like object (stream); defaults to the current sys.stdout.
    sep:   string inserted between values, default a space.
    end:   string appended after the last value, default a newline.
    flush: whether to forcibly flush the stream.

>>>
```

當然程式語言是全球化的語言，所有說明是以英文為基礎，要有一定的英文能力才可徹底了解，不過，筆者在本書會詳盡用中文引導讀者入門。

4-2　格式化輸出資料使用 print( )

相信讀者經過前三章的學習，已經對使用 print( ) 函數輸出資料非常熟悉了，該是時候完整解說這個輸出函數的用法了。

4-2-1　函數 print( ) 的基本語法

它的基本語法格式如下：

print(value, … , sep=" ", end="\n")

❑ value

表示想要輸出的資料，可以一次輸出多筆資料，各資料間以逗號隔開。

❑ sep

當輸出多筆資料時，可以插入各筆資料的分隔字元，預設是一個空白字元。

❏ end

　　當資料輸出結束時所插入的字元，預設是插入換行字元，所以下一次 print( ) 函數的輸出會在下一行輸出。

程式實例 ch4_1.py：重新設計 ch3_11.py，其中在第二個 print( )，2 筆輸出資料的分隔字元是 " $$$ "。

```
1   # ch4_1.py
2   num1 = 222
3   num2 = 333
4   num3 = num1 + num2
5   print("這是數值相加", num3)
6   str1 = str(num1) + str(num2)
7   print("強制轉換為字串相加", str1, sep=" $$$ ")
```

執行結果
```
==================== RESTART: D:\Python\ch4\ch4_1.py ====================
這是數值相加 555
強制轉換為字串相加 $$$ 222333
```

程式實例 ch4_2.py：重新設計 ch4_1.py，將 2 筆資料在同一行輸出，彼此之間使用 Tab 鍵的距離隔開。

```
1   # ch4_2.py
2   num1 = 222
3   num2 = 333
4   num3 = num1 + num2
5   print("這是數值相加", num3, end="\t")    # 以Tab鍵值位置分隔2筆資料輸出
6   str1 = str(num1) + str(num2)
7   print("強制轉換為字串相加", str1, sep=" $$$ ")
```

執行結果
```
==================== RESTART: D:\Python\ch4\ch4_2.py ====================
這是數值相加 555            強制轉換為字串相加 $$$ 222333
```

4-2-2　格式化 print( ) 輸出

　　在使用格式化輸出時，基本使用格式如下：

print(" …輸出格式區… " % (變數系列區，…))

　　在上述輸出格式區中，可以放置變數系列區相對應的格式化字元，這些格式化字元的基本意義如下：

❏ %d：格式化整數輸出。

❏ %f：格式化浮點數輸出。

❑ %s：格式化字串輸出。

程式實例 ch4_3.py：格式化輸出的應用。

```
1  # ch4_3.py
2  score = 90
3  name = "洪錦魁"
4  count = 1
5  print("%s你的第 %d 次物理考試成績是 %d" % (name, count, score))
```

執行結果
```
==================== RESTART: D:\Python\ch4\ch4_3.py ====================
洪錦魁你的第 1 次物理考試成績是 90
```

4-2-3　精準控制格式化的輸出

在先前的浮點數輸出中我們發現最大的缺點是無法精確的控制浮點數的小數輸出位數，print( ) 函數在格式化過程中，有提供功能可以讓我們設定保留多少格的空間讓資料做輸出，此時格式化的語法如下：

❑ %(+|-)nd：格式化整數輸出。

❑ %(+|-)m.nf：格式化浮點數輸出。

❑ %(-)ns：格式化字串輸出。

上述對浮點數而言，m 代表保留多少格數供輸出 (包含小數點)，n 則是小數資料保留格數。至於其它的資料格式 n 則是保留多少格數空間，如果保留格數空間不足將完整輸出資料，如果保留格數空間太多則資料靠右對齊。

如果是格式化數值或字串資料有加上負號 (-)，表示保留格數空間有多時，資料將靠左輸出。如果是格式化數值資料有加上正號 (+)，如果輸出資料是正值時，將在左邊加上正值符號。

程式實例 ch4_4.py：格式化輸出的應用。

```
1   # ch4_4.py
2   x = 100
3   print("x=/%6d/" % x)
4   y = 10.5
5   print("y=/%6.2f/" % y)
6   s = "Deep"
7   print("s=/%6s/" % s)
8   print("以下是保留格數空間不足的實例")
9   print("x=/%2d/" % x)
10  print("y=/%3.2f/" % y)
11  print("s=/%2s/" % s)
```

執行結果

```
==================== RESTART: D:\Python\ch4\ch4_4.py ====================
x=/    100/
y=/ 10.50/
s=/  Deep/
以下是保留格數空間不足的實例
x=/100/
y=/10.50/
s=/Deep/
```

程式實例 ch4_5.py：格式化輸出，靠左對齊的實例。

```
1   # ch4_5.py
2   x = 100
3   print("x=/%-6d/" % x)
4   y = 10.5
5   print("y=/%-6.2f/" % y)
6   s = "Deep"
7   print("s=/%-6s/" % s)
```

執行結果

```
==================== RESTART: D:\Python\ch4\ch4_5.py ====================
x=/100   /
y=/10.50 /
s=/Deep  /
```

程式實例 ch4_6.py：格式化輸出的應用。

```
1   # ch4_6.py
2   print(" 姓名      國文      英文      總分")
3   print("%3s   %4d      %4d      %4d" % ("洪冰儒", 98, 90, 188))
4   print("%3s   %4d      %4d      %4d" % ("洪雨星", 96, 95, 191))
5   print("%3s   %4d      %4d      %4d" % ("洪冰雨", 92, 88, 180))
6   print("%3s   %4d      %4d      %4d" % ("洪星宇", 93, 97, 190))
```

執行結果

```
==================== RESTART: D:\Python\ch4\ch4_6.py ====================
姓名      國文    英文    總分
洪冰儒     98      90      188
洪雨星     96      95      191
洪冰雨     92      88      180
洪星宇     93      97      190
```

4-2-4　format( ) 函數

這是 Python 增強版的格式化輸出功能，它的精神是字串使用 format 方法做格式化的動作，它的基本使用格式如下：

print(" …輸出格式區… ".format(變數系列區 , …))

在輸出格式區內的字串變數使用 "{ }" 表示。

程式實例 ch4_7.py：使用 format( ) 函數重新設計 ch4_3.py。

```
1   # ch4_7.py
2   score = 90
3   name = "洪錦魁"
4   count = 1
5   print("{}你的第 {} 次物理考試成績是 {}".format(name, count, score))
```

執行結果：與 ch4_3.py 相同。

　　我們也可以將 4-2-2 節所述格式化輸出資料的觀念應用在 format( )，例如：d 是格式化整數、f 是格式化浮點數、s 是格式化字串 … 等。傳統的格式化輸出是使用 % 配合 d、s、f，使用 format 則是使用 ":"，可參考下列實例第 5 行。

程式實例 ch4_7_1.py：計算圓面積，同時格式化輸出。

```
1   # ch4_7_1.py
2   r = 5
3   PI = 3.14159
4   area = PI * r ** 2
5   print("/半徑{:3d}圓面積是{:10.2f}/".format(r,area))
```

執行結果
```
==================== RESTART: D:/Python/ch4/ch4_7_1.py ====================
/半徑  5圓面積是     78.54/
```

　　在使用格式化輸出時預設是靠右輸出，也可以使用下列參數設定輸出對齊方式。

　　> : 靠右對齊

　　< : 靠左對齊

　　^ : 置中對齊

程式實例 ch4_7_2.py：輸出對齊方式的應用。

```
1   # ch4_7_2.py
2   r = 5
3   PI = 3.14159
4   area = PI * r ** 2
5   print("/半徑{0:3d}圓面積是{1:10.2f}/".format(r,area))
6   print("/半徑{0:>3d}圓面積是{1:>10.2f}/".format(r,area))
7   print("/半徑{0:<3d}圓面積是{1:<10.2f}/".format(r,area))
8   print("/半徑{0:^3d}圓面積是{1:^10.2f}/".format(r,area))
```

執行結果
```
==================== RESTART: D:/Python/ch4/ch4_7_2.py ====================
/半徑  5圓面積是     78.54/
/半徑  5圓面積是     78.54/
/半徑5  圓面積是78.54     /
/半徑 5 圓面積是   78.54  /
```

在使用 format 輸出時也可以使用填充字元，字元是放在：後面，在 "<、^、>" 或指定寬度之前。

程式實例 ch4_7_3.py：填充字元 * 的應用，同時將字串置中對齊。

```
1   # ch4_7_3.py
2   title = "南極旅遊講座"
3   print("/{0:*^20s}/".format(title))
```

執行結果
```
==================== RESTART: D:/Python/ch4/ch4_7_3.py ====================
/*******南極旅遊講座*******/
```

4-3　資料輸入 input( )

這個 input( ) 函數功能與 print( ) 函數功能相反，這個函數會從螢幕讀取使用者從鍵盤輸入的資料，它的使用格式如下：

value = input("prompt: ")　　　　　　　　# prompt 則是提示輸入訊息

value 是變數，所輸入的資料會儲存在此變數內，特別需注意的是所輸入的資料不論是字串或是數值資料一律回傳到 value 時是字串資料，如果要執行數學運算需要用 int( ) 函數轉換為整數或是 float( ) 函數轉換為浮點數。

程式實例 ch4_8.py：認識輸入資料類型。

```
1   # ch4_8.py
2   name = input("請輸入姓名：")
3   engh = input("請輸入成績：")
4   print("name資料類型是", type(name))
5   print("engh資料類型是", type(engh))
```

執行結果
```
==================== RESTART: D:\Python\ch4\ch4_8.py ====================
請輸入姓名：洪錦魁
請輸入成績：100
name資料類型是 <class 'str'>
engh資料類型是 <class 'str'>
```

程式實例 ch4_9.py：基本資料輸入與運算。

```
1   # ch4_9.py
2   print("歡迎使用成績輸入系統")
3   name = input("請輸入姓名：")
4   engh = input("請輸入英文成績：")
5   math = input("請輸入數學成績：")
6   total = int(engh) + int(math)
7   print("%s 你的總分是 %d" % (name, total))
```

```
===================== RESTART: D:\Python\ch4\ch4_9.py =====================
歡迎使用成績輸入系統
請輸入姓名：洪錦魁
請輸入英文成績：98
請輸入數學成績：99
洪錦魁 你的總分是 197
```

接下來的程式主要是處理中文名字與英文名字的技巧，假設要求使用者分別輸入姓氏 (lastname) 與名字 (firstname)，如果使用中文要處理成正式名字，可以使用下列字串連接方式。

fullname = lastname + firstname

如果使用英文要處理成正式名字，可以使用名字在前面，姓氏在後面，同時中間有一個空格，因此處理方式如下：

fullname = firstname + " " + lastname

程式實例 ch4_10.py：請分別輸入中文和英文的姓氏以及名字，本程式將會名字組合然後輸出問候語。

```python
1   # ch4_10.py
2   clastname = input("請輸入中文姓氏：")
3   cfirstname = input("請輸入中文名字：")
4   cfullname = clastname + cfirstname
5   print("%s 歡迎使用本系統" % cfullname)
6   lastname = input("請輸入英文Last Name：")
7   firstname = input("請輸入英文First Name：")
8   fullname = firstname + " " + lastname
9   print("%s Welcome to SSE System" % fullname)
```

```
===================== RESTART: D:\Python\ch4\ch4_10.py =====================
請輸入中文姓氏：洪
請輸入中文名字：錦魁
洪錦魁 歡迎使用本系統
請輸入英文Last Name：Hung
請輸入英文First Name：JKwei
JKwei Hung Welcome to SSE System
```

4-4　處理字串的數學運算 eval( )

Python 內有一個非常好用的計算數學表達式的函數 eval( )，這個函數可以直接傳回字串內數學表達式的計算結果。

result = eval(expression)　　　　　　　# expression 是字串

程式實例 ch4_11.py：輸入公式，本程式可以列出計算結果。

```
1  # ch4_11.py
2  numberStr = input("請輸入數值公式 : ")
3  number = eval(numberStr)
4  print("計算結果 : %5.2f" % number)
```

執行結果

```
================== RESTART: D:\Python\ch4\ch4_11.py ==================
請輸入數值公式 : 5*9+10
計算結果 : 55.00
>>>
================== RESTART: D:\Python\ch4\ch4_11.py ==================
請輸入數值公式 : 5 * 9 + 10
計算結果 : 55.00
```

由上述執行結果應可以發現，在第一個執行結果中輸入是 "5*9+10" 字串，eval( ) 函數可以處理此字串的數學表達式，然後將計算結果傳回，同時也可以發現即使此數學表達式之間有空字元也可以正常處理。

Windows 作業系統有小算盤程式，其實當我們使用小算盤輸入運算公式時，就可以將所輸入的公式用字串儲存，然後使用此 eval( ) 方法就可以得到運算結果。在 ch4_9.py 我們知道 input( ) 所輸入的資料是字串，當時我們使用 int( ) 將字串轉成整數處理，其實我們也可以使用 eval( ) 配合 input( )，可以直接傳回整數資料。

程式實例 ch4_12.py：使用 eval( ) 重新設計 ch4_9.py。

```
1  # ch4_12.py
2  print("歡迎使用成績輸入系統")
3  name = input("請輸入姓名 : ")
4  engh = eval(input("請輸入英文成績 : "))
5  math = eval(input("請輸入數學成績 : "))
6  total = engh + math
7  print("%s 你的總分是 %d" % (name, total))
```

執行結果

```
================== RESTART: D:\Python\ch4\ch4_12.py ==================
歡迎使用成績輸入系統
請輸入姓名 : 洪錦魁
請輸入英文成績 : 98
請輸入數學成績 : 99
洪錦魁 你的總分是 197
```

　　一個 input( ) 可以讀取一個輸入字串，我們可以靈活運用多重指定在 eval( ) 與 input( ) 函數上，然後產生一行輸入多個數值資料的效果。

程式實例 ch4_13.py：輸入 3 個數字，本程式可以輸出平均值，注意輸入時各數字間要用 "," 隔開。

```
1  # ch4_13.py
2  n1, n2, n3 = eval(input("請輸入3個數字："))

3  average = (n1 + n2 + n3) / 3
4  print("3個數字平均是 %6.2f" % average)
```

執行結果
```
==================== RESTART: D:\Python\ch4\ch4_13.py ====================
請輸入3個數字：21, 33, 99
3個數字平均是  51.00
```

4-5　認識內建 (built-in) 函數

　　Python 內容講解至今，筆者介紹了許多函數，例如：input( )、print( )、eval( )、format( )、help( )、type( )、int( )、float( )、abs( )、pow( )、round( )、str( )、chr( )、ord( )、divmod( ),…等。這些函數是內建 (built-in) 在 Python 直譯器內，所以我們可以正常使用。

4-6　認識標準函數庫 (standard library) 模組

　　Python 也提供許多標準函數庫模組，

模組名稱	說明	模組名稱	說明
math	數學	time	時間
random	隨機數	os	作業系統
calendar	日期時間	os.path	路徑
date	日期	sys	系統

　　上述筆者只列出 Python 基礎學習常見的標準函數庫模組，使用前需要先匯入，相關細節筆者將在 4-7-5 節使用實例說明。

4-7 專題設計

4-7-1 設計攝氏溫度和華氏溫度的轉換

攝氏溫度 (Celsius，簡稱 C) 的由來是在標準大氣壓環境，純水的凝固點是 0 度、沸點是 100 度，中間劃分 100 等份，每個等份是攝氏 1 度。這是紀念瑞典科學家安德斯·攝爾修斯 (Anders Celsius) 對攝氏溫度定義的貢獻，所以稱攝氏溫度 (Celsius)。

華氏溫度 (Fahrenheit，簡稱 F) 的由來是在標準大氣壓環境，水的凝固點是 32 度、水的沸點是 212 度，中間劃分 180 等份，每個等份是華氏 1 度。這是紀念德國科學家丹尼爾·加布里埃爾·華倫海特 (Daniel Gabriel Fahrenheit) 對華氏溫度定義的貢獻，所以稱華氏溫度 (Fahrenheit)。

攝氏和華氏溫度互轉的公式如下：

攝氏溫度 = (華氏溫度 − 32) * 5 / 9
華氏溫度 = 攝氏溫度 * (9 / 5) + 32

程式實例 ch4_14.py：請輸入華氏溫度，這個程式會輸出攝氏溫度。

```
1  # ch4_14.py
2  f = input("請輸入華氏溫度：")
3  c = ( int(f) - 32 ) * 5 / 9
4  print("華氏 %s 等於攝氏 %4.1f" % (f, c))
```

執行結果

```
===================== RESTART: D:\Python\ch4\ch4_14.py =====================
請輸入華氏溫度：104
華氏 104 等於攝氏 40.0
```

4-7-2 雞兔同籠 – 解聯立方程式

古代孫子算經有一句話，"今有雞兔同籠，上有三十五頭，下有百足，問雞兔各幾何？"，這是古代的數學問題，表示有 35 個頭，100 隻腳，然後籠子裡面有幾隻雞與幾隻兔子。雞有 1 隻頭、2 隻腳，兔子有 1 隻頭、4 隻腳。我們可以使用基礎數學解此題目，也可以使用迴圈解此題目，這一小節筆者將使用基礎數學的聯立方程式解此問題。

如果使用基礎數學，將 x 代表 chicken，y 代表 rabbit，可以用下列公式推導。

| chicken + rabbit = 35 | 相當於----> | x + y = 35 |
| 2 * chicken + 4 * rabbit = 100 | 相當於----> | 2x + 4y = 100 |

經過推導可以得到下列結果：

x(chicken) = 20　　　　　　　　# 雞的數量
y(rabbit) = 15　　　　　　　　 # 兔的數量

整個公式推導，假設 f 是腳的數量，h 代表頭的數量，可以得到下列公式：

x(chicken) = f / 2 − h
y(rabbit) = 2h − f / 2

程式實例 ch4_15.py：請輸入頭和腳的數量，本程式會輸出雞的數量和兔的數量。

```
1  # ch4_15.py
2  h = int(input("請輸入頭的數量："))
3  f = int(input("請輸入腳的數量："))
4  chicken = int(f / 2 - h)
5  rabbit = int(2 * h - f / 2)
6  print('雞有 {} 隻, 兔有 {} 隻'.format(chicken, rabbit))
```

執行結果
```
==================== RESTART: D:\Python\ch4\ch4_15.py ====================
請輸入頭的數量：35
請輸入腳的數量：100
雞有 15 隻, 兔有 20 隻
```

註　並不是每個輸入皆可以獲得解答，必須是合理的數字。

4-7-3　高斯數學 – 計算等差數列和

約翰‧卡爾‧佛里德里希‧高斯 (Johann Karl Friedrich GauB)(1777 – 1855) 是德國數學家，被認為是歷史上最重要的數學家之一。他在 9 歲時就發明了等差數列求和的計算技巧，他在很短的時間內計算了 1 到 100 的整數和。使用的方法是將第 1 個數字與最後 1 個數字相加得到 101，將第 2 個數字與倒數第 2 個數字相加得到 101，然後依此類推，可以得到 50 個 101，然後執行 50 * 101，最後得到解答。

程式實例 ch4_16.py：使用等差數列計算 1 – 100 的總和。

```
1  # ch4_16.py
2  starting = 1
3  ending = 100
4
5  sum = int((starting + ending) * (ending - starting + 1) / 2)
6  print('1 到 100的總和是 {}'.format(sum))
```

執行結果
```
==================== RESTART: D:\Python\ch4\ch4_16.py ====================
1 到 100的總和是 5050
```

4-7-4 房屋貸款問題實作

每個人在成長過程可能會經歷買房子，第一次住在屬於自己的房子是一個美好的經歷，大多數的人在這個過程中可能會需要向銀行貸款。這時我們會思考需要貸款多少錢？貸款年限是多少？銀行利率是多少？然後我們可以利用上述已知資料計算每個月還款金額是多少？同時我們會好奇整個貸款結束究竟還了多少貸款本金和利息。在做這個專題實作分析時，我們已知的條件是：

貸款金額：筆者使用 loan 當變數

貸款年限：筆者使用 year 當變數

年利率：筆者使用 rate 當變數

然後我們需要利用上述條件計算下列結果：

每月還款金額：筆者用 monthly_pay 當變數

總共還款金額：筆者用 total_pay 當變數

處理這個貸款問題的數學公式如下：

$$每月還款金額 = \frac{貸款金額 * 月利率}{1 - \dfrac{1}{(1 + 月利率)^{貸款年限*12}}}$$

在銀行的貸款術語習慣是用年利率，所以碰上這類問題我們需將所輸入的利率先除以 100，這是轉成百分比，同時要除以 12 表示是月利率。可以用下列方式計算月利率，筆者用 month_rate 當作變數。

```
month_rate = rate / (12*100)            # 第 5 行
```

為了不讓求每月還款金額的數學式變的複雜，筆者將分子 (第 8 行) 與分母 (第 9 行) 分開計算，第 10 行則是計算每月還款金額，第 11 行是計算總共還款金額。

```
1   # ch4_17.py
2   loan = eval(input("請輸入貸款金額："))
3   year = eval(input("請輸入年限："))
4   rate = eval(input("請輸入年利率："))
5   month_rate = rate / (12*100)            # 改成百分比以及月利率
6
7   # 計算每月還款金額
8   molecules = loan * month_rate
```

```
 9  denominator = 1 - (1 / (1 + month_rate) ** (year * 12))
10  monthly_pay = molecules / denominator       # 每月還款金額
11  total_pay = monthly_pay * year * 12          # 總共還款金額
12
13  print("每月還款金額 %d" % int(monthly_pay))
14  print("總共還款金額 %d" % int(total_pay))
```

執行結果

```
===================== RESTART: D:/Python/ch4/ch4_17.py =====================
請輸入貸款金額：6000000
請輸入年限：20
請輸入年利率：2.0
每月還款金額 30353
總共還款金額 7284720
```

4-7-5　使用 math 模組和經緯度計算地球任意兩點的距離

　　math 是標準函數庫模組，由於沒有內建在 Python 直譯器內，所以使用前需要匯入此模組，匯入方式是使用 import，可以參考下列語法。

　　　import math

　　當匯入模組後，我們可以在 Python 的 IDLE 環境使用 dir(math) 了解此模組提供那些屬性或函數 (或稱方法) 可以呼叫使用。

```
>>> import math
>>> dir(math)
['__doc__', '__loader__', '__name__', '__package__', '__spec__', 'acos', 'acosh'
, 'asin', 'asinh', 'atan', 'atan2', 'atanh', 'ceil', 'copysign', 'cos', 'cosh',
'degrees', 'e', 'erf', 'erfc', 'exp', 'expm1', 'fabs', 'factorial', 'floor', 'fm
od', 'frexp', 'fsum', 'gamma', 'gcd', 'hypot', 'inf', 'isclose', 'isfinite', 'is
inf', 'isnan', 'ldexp', 'lgamma', 'log', 'log10', 'log1p', 'log2', 'modf', 'nan'
, 'pi', 'pow', 'radians', 'remainder', 'sin', 'sinh', 'sqrt', 'tan', 'tanh', 'ta
u', 'trunc']
```

下列是常用的屬性與函數：

pi：PI 值 (3.14152653589753)，直接設定值稱屬性。

e：e 值 (2.718281828459045)，直接設定值稱屬性。

inf：極大值，直接設定值稱屬性。

ceil(x)：傳回大於 x 的最小整數，例如：ceil(3.5) = 4。

floor(x)：傳回小於 x 的最大整數，例如：floor(3.9) = 3。

trunc(x)：刪除小數位數。例如：trunc(3.5) = 3。

pow(x,y)：可以計算 x 的 y 次方，相當於 x**y。例如：pow(2,3) = 8.0。

sqrt(x)：開根號，相當於 x**0.5，例如：sqrt(4) = 2.0。

radians( )：將角度轉成弧度，常用在三角函數運作。

degrees( )：將弧度轉成角度。

三角函數：sin( )、cos( )、tan( ), ⋯

不同底的指數函數：log( )、log10( )、log2( ), ⋯

在使用上述 math 模組時必須在前面加 math，例如：math.pi 或 math.ceil(3.5) 等，此觀念應用在上述所有模組函數操作。有了上述觀念就可以進入本節的主題了。

地球是圓的，我們使用經度和緯度單位瞭解地球上每一個點的位置。有了 2 個地點的經緯度後，可以使用下列公式計算彼此的距離。

distance = r*acos(sin(x1)*sin(x2)+cos(x1)*cos(x2)*cos(y1-y2))

上述 r 是地球的半徑約 6371 公里，由於 Python 的三角函數參數皆是弧度 (radians)，我們使用上述公式時，需使用 math.radian( ) 函數將經緯度角度轉成弧度。上述公式西經和北緯是正值，東經和南緯是負值。

經度座標是介於 -180 和 180 度間，緯度座標是在 -90 和 90 度間，雖然我們是習慣稱經緯度，在用小括號表達時 (緯度 , 經度)，也就是第一個參數是放緯度，第二個參數放經度)。

最簡單獲得經緯度的方式是開啟 Google 地圖，其實我們開啟後 Google 地圖後就可以在網址列看到我們目前所在地點的經緯度，點選地點就可以在網址列看到所選地點的經緯度資訊，可參考下方左圖：

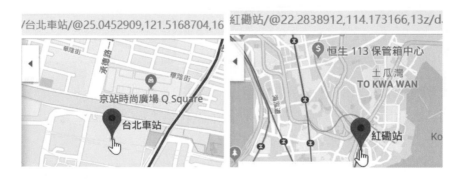

　　由上圖可以知道台北車站的經緯度是 (25.0452909, 121.5168704)，以上觀念可以應用查詢世界各地的經緯度，上方右圖是香港紅磡車站的經緯度 (22.2838912, 114.173166)，程式為了簡化筆者小數取 4 位。

程式實例 ch4_18.py：香港紅磡車站的經緯度資訊是 (22.2839, 114.1731)，台北車站的經緯度是 (25.0452, 121.5168)，請計算台北車站至香港紅磡車站的距離。

```
1   # ch4_18.py
2   import math
3
4   r = 6371                        # 地球半徑
5   x1, y1 = 22.2838, 114.1731      # 香港紅磡車站經緯度
6   x2, y2 = 25.0452, 121.5168      # 台北車站經緯度
7
8   d = 6371*math.acos(math.sin(math.radians(x1))*math.sin(math.radians(x2))+
9                      math.cos(math.radians(x1))*math.cos(math.radians(x2))*
10                     math.cos(math.radians(y1-y2)))
11
12  print("distance = ", d)
```

執行結果
```
===================== RESTART: D:/Python/ch4/ch4_18.py =====================
distance =  808.3115099471376
```

習題實作題

1：　擴充 ch4_6.py，最右邊增加平均分數欄位，這個欄位的格式化方式是 %4.1f 相當於取到小數第一位。(4-2 節)

```
===================== RESTART: D:\Python\ex\ex4_1.py =====================
姓名      國文     英文     總分     平均
洪冰儒     98      90      188     94.0
洪雨星     96      95      191     95.5
洪冰雨     92      88      180     90.0
洪星宇     93      97      190     95.0
```

2：　請重新設計第 2 章的實作習題 2，請將輸出方式改為下列方式。(4-2 節)

```
===================== RESTART: D:\Python\ex\ex4_2.py =====================
蘋果可以吃 4 天
第 5 天產生蘋果不足供應
不足 15 顆
```

3： 寫一個程式要求使用者輸入 3 位數數字，最後捨去個位數字輸出，例如輸入是 777 輸出是 770，輸入是 879 輸出是 870。(4-3 節)

```
==================== RESTART: D:\Python\ex\ex4_3.py ====================
請輸入3位數數字：777
執行結果: 770
>>>
==================== RESTART: D:\Python\ex\ex4_3.py ====================
請輸入3位數數字：879
執行結果: 870
```

4： 請重新設計 ch4_14.py，改為輸入攝氏溫度，將結果轉成華氏溫度輸出。(4-3 節)

```
==================== RESTART: D:\Python\ex\ex4_4.py ====================
請輸入攝氏溫度：30
攝氏 30 等於華氏 86.0
```

5： 請輸入房屋坪數，然後將它轉成平方公尺。提示：一坪約是 3.305 平方公尺。(4-3 節)

```
==================== RESTART: D:\Python\ex\ex4_5.py ====================
請輸入坪數：100
坪數 100 等於平方公尺 330.5
```

6： 請輸入房屋平方公尺，然後將它轉成坪數。提示：一坪約是 3.305 平方公尺。(4-3 節)

```
==================== RESTART: D:\Python\ex\ex4_6.py ====================
請輸入平方公尺：100
平方公尺 100 等於坪數 30.3
```

7： 請重新設計 ch2_5.py，請將年利率和存款年數改為從螢幕輸入。(4-3 節)

```
==================== RESTART: D:\Python\ex\ex4_7.py ====================
請輸入年利率%為單位：1.5
請輸入年數        ：5
5 年後本金和是 53864.2
```

8： 請重新設計第 2 章的實作習題 3，請將火箭飛行速度改為從螢幕輸入。(4-3 節)

```
==================== RESTART: D:\Python\ex\ex4_8.py ====================
請輸入火箭速度每分鐘公里數：400
地球到月球所需分鐘總數        961.0
```

9： 請重新設計 ch3_14.py，請將速度 speed，改為從螢幕輸入馬赫數，程式會將速度馬赫數轉為公里 / 小時，然後才開始運算。(4-3 節)

```
===================== RESTART: D:\Python\ex\ex4_9.py =====================
請輸入火箭速度馬赫數：1
總供需要13天，1小時
>>>
===================== RESTART: D:\Python\ex\ex4_9.py =====================
請輸入火箭速度馬赫數：3
總供需要4天，8小時
```

10： 請重新設計程式實例 ch3_16.py，計算 2 個點之間的距離，但是將點的座標改為從螢幕輸入，一行需可以輸入 x 和 y 座標，輸出到小數第 2 位。(4-4 節)

```
===================== RESTART: D:/Python/ex/ex4_10.py =====================
請輸入第 1 個點的 x,y 座標 : 1, 8
請輸入第 2 個點的 x,y 座標 : 3, 10
2點的距離是 : 2.83
```

11： 高斯數學之等差數列運算，請輸入等差數列起始值、終點值與差值，這個程式可以計算數列總和。(4-7 節)

```
===================== RESTART: D:/Python/ex/ex4_11.py =====================
請輸入數列起始值 : 1
請輸入數列終點值 : 99
請輸入數列的差值 : 2
1 到 99 差值是 2 的數列總和是 2500
>>>
===================== RESTART: D:/Python/ex/ex4_11.py =====================
請輸入數列起始值 : 2
請輸入數列終點值 : 100
請輸入數列的差值 : 2
2 到 100 差值是 2 的數列總和是 2550
>>>
===================== RESTART: D:/Python/ex/ex4_11.py =====================
請輸入數列起始值 : 1
請輸入數列終點值 : 10
請輸入數列的差值 : 3
1 到 10 差值是 3 的數列總和是 22
```

12： 北京故宮博物院的經緯度資訊大約是 (39.9196, 116.3669)，法國巴黎羅浮宮的經緯度大約是 (48.8595, 2.3369)，請計算這 2 博物館之間的距離。(4-7 節)

```
===================== RESTART: D:/Python/ex/ex4_12.py =====================
distance = 8214.08589098231
```

第五章

程式的流程控制使用 if 敘述

　　一個程式如果是按部就班從頭到尾，中間沒有轉折，其實是無法完成太多工作。程式設計過程難免會需要轉折，這個轉折在程式設計的術語稱流程控制，本章將完整講解有關 if 敘述的流程控制。另外，與程式流程設計有關的關係運算子與邏輯運算子也將在本章做說明，因為這些是 if 敘述流程控制的基礎。

5-1 關係運算子

Python 語言所使用的關係運算子表：

關係運算子	說明	實例	說明
>	大於	a > b	檢查是否 a 大於 b
>=	大於或等於	a >= b	檢查是否 a 大於或等於 b
<	小於	a < b	檢查是否 a 小於 b
<=	小於或等於	a <= b	檢查是否 a 小於或等於 b
==	等於	a == b	檢查是否 a 等於 b
!=	不等於	a != b	檢查是否 a 不等於 b

　　上述運算如果是真會傳回 True，如果是偽會傳回 False。

實例 1：下列會傳回 True。

```
>>> x = 10 > 8
>>> print(x)
True
>>> x = 10 != 20
>>> print(x)
True
```

實例 2：下列會傳回 False。

```
>>> x = 10 > 20
>>> print(x)
False
>>> x = 10 <= 5
>>> print(x)
False
```

5-2 邏輯運算子

Python 所使用的邏輯運算子：

❏ and --- 相當於邏輯符號 AND

❏ or --- 相當於邏輯符號 OR

❏ not --- 相當於邏輯符號 NOT

下列是邏輯運算子 and 的圖例說明。

and	True	False
True	True	False
False	False	False

實例 1：下列會傳回 True。

```
>>> x = (10 > 8) and (20 > 10)
>>> print(x)
True
>>>
```

實例 2：下列會傳回 False。

```
>>> x = (10 > 8) and (10 > 20)
>>> print(x)
False
>>> x = (10 < 8) and (10 < 20)
>>> print(x)
False
>>> x = (10 < 8) and (10 > 20)
>>> print(x)
False
>>>
```

下列是邏輯運算子 or 的圖例說明。

or	True	False
True	True	True
False	True	False

實例 3：下列會傳回 True。

```
>>> x = (10 > 8) or (20 > 10)
>>> print(x)
True
>>> x = (10 < 8) or (10 < 20)
>>> print(x)
True
>>> x = (10 > 8) or (10 > 20)
>>> print(x)
True
>>> .
```

實例 4：下列會傳回 False。

```
>>> x = (10 < 8) or (10 > 20)
>>> print(x)
False
>>> .
```

下列是邏輯運算子 not 的圖例說明。

not	True	False
	False	True

如果是 True 經過 not 運算會傳回 False，如果是 False 經過 not 運算會傳回 True。

實例 1：下列會傳回 True。

```
>>> x = not(10 < 8)
>>> print(x)
True
>>>
```

實例 2：下列會傳回 False。

```
>>> x = not(10 > 8)
>>> print(x)
False
>>>
```

5-3　if 敘述

這個 if 敘述的基本語法如下：

```
if (條件判斷):          # 條件判斷外的小括號可有可無
    程式碼區塊
```

上述觀念是如果條件判斷是 True，則執行程式碼區塊，如果條件判斷是 False，則不執行程式碼區塊。如果程式碼區塊只有一道指令，可將上述語法寫成下列格式。

```
if (條件判斷): 程式碼區塊
```

可以用下列流程圖說明這個 if 敘述：

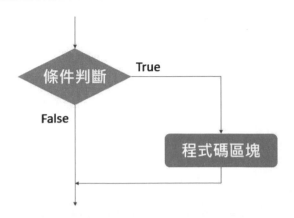

Python 是使用內縮方式區隔 if 敘述的程式碼區塊，編輯程式時可以用 Tab 鍵內縮或是直接內縮 4 個字元空間，表示這是 if 敘述的程式碼區塊。

```
if ( age < 20 ) :                            # 程式碼區塊 1
    print( '你年齡太小' )                       # 程式碼區塊 2
    print( '須年滿20歲才可購買菸酒' )            # 程式碼區塊 2
```

在 Python 中內縮程式碼是有意義的，相同的程式碼區塊，必須有相同的內縮，否則會產生錯誤。

實例 1：正確的 if 敘述程式碼。

```
>>> age = 18                          >>> age = 18
>>> if (age < 20):                    >>> if (age < 20):
        print("你年齡太小")                    print("你年齡太小")
        print("需年滿20歲才可以購買菸酒")         print("需年滿20歲才可以購買菸酒")

                                      你年齡太小
                                      需年滿20歲才可以購買菸酒
插入點在此時請按Enter鍵               >>>
```

實例 2：不正確的 if 敘述程式碼，下列因為任意內縮造成錯誤。

```
                    >>> age = 18
                    >>> if (age < 20):
                            print("你年齡太小")
任意內縮造成錯誤              print("需年滿20歲才可以購買菸酒")

                    SyntaxError: unexpected indent
                    >>>
```

上述筆者講解 if 敘述是 True 時需內縮 4 個字元空間，讀者可能會問可不可以內縮 5 個字元空間，答案是可以的但是記得相同程式區塊必須有相同的內縮空間。不過如過你是使用 Python 的 IDLE 編輯環境，當輸入 if 敘述後，只要按 Enter 鍵，編輯程式會自動內縮 4 個字元空間。

程式實例 ch5_1.py：if 敘述的基本應用。

```
1   # ch5_1.py
2   age = input("請輸入年齡: ")
3   if (int(age) < 20):
4       print("你年齡太小")
5       print("需年滿20歲才可以購買菸酒")
```

執行結果

```
==================== RESTART: D:\Python\ch5\ch5_1.py ====================
請輸入年齡: 18
你年齡太小
需年滿20歲才可以購買菸酒
>>>
==================== RESTART: D:\Python\ch5\ch5_1.py ====================
請輸入年齡: 30
```

❏ Python 寫作風格 (Python Enhancement Proposals) - PEP 8

Python 風格建議內縮 4 個字母空格，不要使用 Tab 鍵產生空格。

5-4 if … else 敘述

程式設計時更常用的功能是條件判斷為 True 時執行某一個程式碼區塊，當條件判斷為 False 時執行另一段程式碼區塊，此時可以使用 if … else 敘述，它的語法格式如下：

```
if (條件判斷):           # 條件判斷外的小括號可有可無

    程式碼區塊 1

else:

    程式碼區塊 2
```

上述觀念是如果條件判斷是 True，則執行程式碼區 1，如果條件判斷是 False，則執行程式碼區塊 2。可以用下列流程圖說明這個 if … else 敘述：

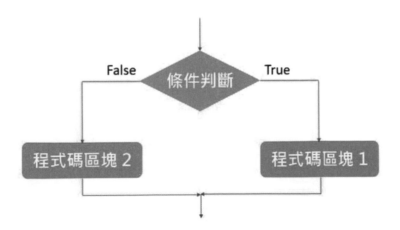

程式實例 ch5_2.py：重新設計 ch5_1.py，多了年齡滿 20 歲時的輸出。

```
1   # ch5_2.py
2   age = input("請輸入年齡: ")
3   if (int(age) < 20):
4       print("你年齡太小")
5       print("需年滿20歲才可以購買菸酒")
6   else:
7       print("歡迎購買菸酒")
```

執行結果

```
==================== RESTART: D:\Python\ch5\ch5_2.py ====================
請輸入年齡: 18
你年齡太小
需年滿20歲才可以購買菸酒
>>>
==================== RESTART: D:\Python\ch5\ch5_2.py ====================
請輸入年齡: 30
歡迎購買菸酒
```

❑ Python 寫作風格 (Python Enhancement Proposals) - PEP 8

Python 風格建議不使用 if xx == ture 判斷 True 或 False，可以直接使用 if xx，可以參考下列實例第 5 行，筆者用 if rem 取代 if rem == 0。

程式實例 ch5_3.py：奇數偶數的判斷，設計觀念是如果將一個數值除以 2，餘數是 0 表示是偶數，否則是奇數。

```
1   # ch5_3.py
2   print("奇數偶數判斷")
3   num = eval(input("請輸入任意整值: "))
4   rem = num % 2
5   if rem:
6       print("完成功能 : %d 是奇數" % num )
7   else:
8       print("完成功能 : %d 是偶數" % num )
```

```
 9   # PEP 8
10   if rem:
11       print("一般用法 : %d 是奇數" % num )
12   else:
13       print("一般用法 : %d 是偶數" % num )
14   # 高手用法
15   print("高手用法 :" ,"%d 是奇數" % num  if rem else "%d 是偶數" % num )
```

執行結果

```
================= RESTART: D:/Python/ch5/ch5_3.py =================
奇數偶數判斷
請輸入任意整值: 8
完成功能 : 8 是偶數
一般用法 : 8 是偶數
高手用法 : 8 是偶數
>>>
================= RESTART: D:/Python/ch5/ch5_3.py =================
奇數偶數判斷
請輸入任意整值: 5
完成功能 : 5 是奇數
一般用法 : 5 是奇數
高手用法 : 5 是奇數
```

Python 精神可以簡化上述 if 語法，例如 : 下列是求 x, y 之最大值或最小值。

```
max_ = x if x > y else y          # 取 x, y 之最大值
min_ = x if x < y else x          # 取 x, y 之最小值
```

Python 是非常靈活的程式語言，上述也可以使用內建函數寫成下列方式：

```
max_ = max(x, y)          # max 是內建函數，變數用後面加底線區隔
min_ = min(x, y)          # min 是內建函數，變數用後面加底線區隔
```

註　max 是內建函數，當變數名稱與內建函數名稱相同時，可以在變數用後面加底線做區隔。

程式實例 ch5_3_1.py：請輸入 2 個數字，這個程式會用 Python 精神語法，列出最大值與最小值。

```
 1   # ch5_3_1.py
 2   x, y = eval(input("請輸入2個數字："))
 3   max_ = x if x > y else y
 4   print("方法 1 最大值是 : ", max_)
 5   max_ = max(x, y)
 6   print("方法 2 最大值是 : ", max_)
 7
 8   min_ = x if x < y else y
 9   print("方法 1 最小值是 : ", min_)
10   min_ = min(x, y)
11   print("方法 2 最小值是 : ", min_)
```

執行結果

```
===== RESTART: D:/Python/ch5/ch5_3_1.py =====
請輸入2個數字:8, 5
方法 1 最大值是: 8
方法 2 最大值是: 8
方法 1 最小值是: 5
方法 2 最小值是: 5
```

Python 語言在執行網路爬蟲存取資料時,常會遇上不知道可以獲得多少筆資料,例如可能 0 – 100 筆間,如果我們想要最多只取 10 筆當作我們的數據,如果小於 10 筆則取得多少皆可當作我們的數據,如果使用傳統程式語言的語法,設計觀念應該如下:

```
if items >= 10:
    items = 10
else:
    items = items
```

在 Python 語法精神,我們可以用下列語法表達。

```
items = 10 if items >= 10 else items
```

程式實例 ch5_3_2.py:隨意輸入數字,如果大於等於 10,輸出 10。如果小於 10,輸出所輸入的數字。

```
1  # ch5_3_2.py
2  items = eval(input("請輸入1個數字:"))
3  items = 10 if items >= 10 else items
4  print(items)
```

執行結果

```
===== RESTART: D:/Python/ch5/ch5_3_2.py =====
請輸入1個數字:8
8
>>>
===== RESTART: D:/Python/ch5/ch5_3_2.py =====
請輸入1個數字:123
10
```

5-5 if … elif …else 敘述

這是一個多重判斷,程式設計時需要多個條件作比較時就比較有用,例如:在美國成績計分是採取 A、B、C、D、F … 等,通常 90-100 分是 A,80-89 分是 B,70-79 分是 C,60-69 分是 D,低於 60 分是 F。若是使用 Python 可以用這個敘述,很容易就可以完成這個工作。這個敘述的基本語法如下:

```
if (條件判斷 1) :          # 條件判斷外的小括號可有可無

    程式碼區塊 1
elif( 條件判斷 2 ) :

    程式碼區塊 2

...
else:

    程式碼區塊 n
```

　　上述觀念是，如果條件判斷 1 是 True 則執行程式碼區塊 1，然後離開條件判斷。否則檢查條件判斷 2，如果是 True 則執行程式碼區塊 2，然後離開條件判斷。如果條件判斷是 False 則持續進行檢查，上述 elif 的條件判斷可以不斷擴充，如果所有條件判斷是 False 則執行程式碼 n 區塊。下列流程圖是假設只有 2 個條件判斷說明這個 if … elif … else 敘述。

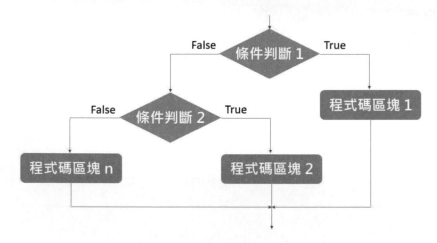

程式實例 ch5_4.py：請輸入數字分數，程式將回應 A、B、C、D 或 F 等級。

```
1   # ch5_4.py
2   print("計算最終成績")
3   score = input("請輸入分數: ")
4   sc = int(score)
5   if (sc >= 90):
6       print(" A")
7   elif (sc >= 80):
8       print(" B")
9   elif (sc >= 70):
```

```
10      print(" C")
11 elif (sc >= 60):
12      print(" D")
13 else:
14      print(" F")
```

執行結果

```
==================== RESTART: D:\Python\ch5\ch5_4.py ====================
計算最終成績
請輸入分數: 90
 A
>>>
==================== RESTART: D:\Python\ch5\ch5_4.py ====================
計算最終成績
請輸入分數: 62
 D
>>>
==================== RESTART: D:\Python\ch5\ch5_4.py ====================
計算最終成績
請輸入分數: 59
 F
```

5-6 專題設計

5-6-1 測試潤年

程式實例 ch5_5.py：測試某一年是否潤年，潤年的條件是首先可以被 4 整除 (相當於沒有餘數)，這個條件成立時，還必須符合，它除以 100 時餘數不為 0 或是除以 400 時餘數為 0，當 2 個條件皆符合才算潤年。

```
1  # ch5_5.py
2  print("判斷輸入年份是否潤年")
3  year = input("請輸入年分: ")
4  rem4 = int(year) % 4
5  rem100 = int(year) % 100
6  rem400 = int(year) % 400
7  if rem4 == 0:
8      if rem100 != 0 or rem400 == 0:
9          print("%s 是潤年" % year)
10     else:
11         print("%s 不是潤年" % year)
12 else:
13     print("%s 不是潤年" % year)
```

執行結果

```
==================== RESTART: D:\Python\ch5\ch5_5.py ====================
判斷輸入年份是否潤年
請輸入年分: 2020
2020 是潤年
>>>
==================== RESTART: D:\Python\ch5\ch5_5.py ====================
判斷輸入年份是否潤年
請輸入年分: 2022
2022 不是潤年
```

5-6-2 設計人體體重健康判斷程式

BMI(Body Mass Index) 指數又稱身高體重指數 (也稱身體質量指數)，是由比利時的科學家凱特勒 (Lambert Quetelet) 最先提出，這也是世界衛生組織認可的健康指數，它的計算方式如下：

BMI = 體重 (Kg) / 身高 ^{2}(公尺)

如果 BMI 在 18.5 – 23.9 之間，表示這是健康的 BMI 值。請輸入自己的身高和體重，然後列出是否在健康的範圍，中國官方針對 BMI 指數公布更進一步資料如下：

分類	BMI
體重過輕	BMI < 18.5
正常	18.5 <= BMI and BMI < 24
超重	24 <= BMI and BMI < 28
肥胖	BMI >= 28

程式實例 ch5_6.py：人體健康體重指數判斷程式，這個程式會要求輸入身高與體重，然後計算 BMI 指數，由這個 BMI 指數判斷體重是否正常。

```
1  # ch5_6.py
2  height = input("請輸入身高(公分)：")
3  weight = input("請輸入體重(公斤)：")
4  bmi = int(weight) / ( (float(height) / 100) ** 2 )
5  if bmi >= 18.5 and bmi < 24:
6      print("體重正常")
7
8  else:
9      print("體重不正常")
```

執行結果

```
==================== RESTART: D:\Python\ch5\ch5_6.py ====================
請輸入身高(公分)：170
請輸入體重(公斤)：60
體重正常
>>>
==================== RESTART: D:\Python\ch5\ch5_6.py ====================
請輸入身高(公分)：170
請輸入體重(公斤)：100
體重不正常
>>>
==================== RESTART: D:\Python\ch5\ch5_6.py ====================
請輸入身高(公分)：170
請輸入體重(公斤)：40
體重不正常
```

上述程式第 4 行 "float (height)/100"，主要是將身高由公分改為公尺，上述專題程式可以擴充為，輸入身高體重，程式可以列出中國官方公佈的各 BMI 分類敘述超重、肥胖、體重過輕，這將是各位的習題。

5-6-3 火箭升空

地球的天空有許多人造衛星，這些人造衛星是由火箭發射，由於地球有地心引力、太陽也有引力，火箭發射要可以到達人造衛星繞行地球、脫離地球進入太空，甚至脫離太陽系必須要達到宇宙速度方可脫離，所謂的宇宙速度觀念如下：

❏ 第一宇宙速度

所謂的第一宇宙速度可以稱環繞地球速度，這個速度是 7.9km/s，當火箭到達這個速度後，人造衛星即可環繞著地球做圓形移動。當火箭速度超過 7.9km/s 時，但是小於 11.2km/s，人造衛星可以環繞著地球做橢圓形移動。

❏ 第二宇宙速度

所謂的第二宇宙速度可以稱脫離速度，這個速度是 11.2km/s，當火箭到達這個速度尚未超過 16.7km/s 時，人造衛星可以環繞太陽，成為一顆類似地球的人造行星。

❏ 第三宇宙速度

所謂的第三宇宙速度可以稱脫逃速度，這個速度是 16.7km/s，當火箭到達這個速度後，就可以脫離太陽引力到太陽系的外太空。

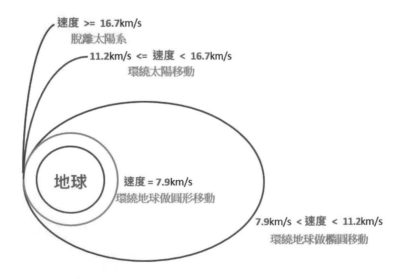

程式實例 ch5_7.py：請輸入火箭速度 (km/s)，這個程式會輸出人造衛星飛行狀態。

```
1  # ch5_7.py
2  v = eval(input("請輸入火箭速度 : "))
3  if (v < 7.9):
4      print("人造衛星無法進入太空")
5  elif (v == 7.9):
6      print("人造衛星可以環繞地球作圓形移動")
7  elif (v > 7.9 and v < 11.2):
8      print("人造衛星可以環繞地球作橢圓形移動")
9  elif (v >= 11.2 and v < 16.7):
10     print("人造衛星可以環繞太陽移動")
11 else:
12     print("人造衛星可以脫離太陽系")
```

執行結果

```
==================== RESTART: D:/Python/ch5/ch5_7.py ====================
請輸入火箭速度 : 7.5
人造衛星無法進入太空
>>>
==================== RESTART: D:/Python/ch5/ch5_7.py ====================
請輸入火箭速度 : 7.9
人造衛星可以環繞地球作圓形移動
>>>
==================== RESTART: D:/Python/ch5/ch5_7.py ====================
請輸入火箭速度 : 9.9
人造衛星可以環繞地球作橢圓形移動
>>>
==================== RESTART: D:/Python/ch5/ch5_7.py ====================
請輸入火箭速度 : 11.8
人造衛星可以環繞太陽移動
>>>
==================== RESTART: D:/Python/ch5/ch5_7.py ====================
請輸入火箭速度 : 16.7
人造衛星可以脫離太陽系
```

5-6-4　12 生肖系統

在中國除了使用西元年份代號，也使用鼠、牛、虎、兔、龍、蛇、馬、羊、猴、雞、狗、豬，當作十二生肖，每 12 年是一個週期，1900 年是鼠年。

程式實例 ch5_8.py：請輸入你出生的西元年 19xx 或 20xx，本程式會輸出相對應的生肖年。

```
1  # ch5_8.py
2  year = eval(input("請輸入西元出生年 : "))
3  year -= 1900
4  zodiac = year % 12
5  if zodiac == 0:
6      print("你是生肖是 : 鼠")
7  elif zodiac == 1:
8      print("你是生肖是 : 牛")
9  elif zodiac == 2:
10     print("你是生肖是 : 虎")
```

```
11 elif zodiac == 3:
12     print("你是生肖是：兔")
13 elif zodiac == 4:
14     print("你是生肖是：龍")
15 elif zodiac == 5:
16     print("你是生肖是：蛇")
17 elif zodiac == 6:
18     print("你是生肖是：馬")
19 elif zodiac == 7:
20     print("你是生肖是：羊")
21 elif zodiac == 8:
22     print("你是生肖是：猴")
23 elif zodiac == 9:
24     print("你是生肖是：雞")
25 elif zodiac == 10:
26     print("你是生肖是：狗")
27 else:
28     print("你是生肖是：豬")
```

執行結果

```
==================== RESTART: D:/Python/ch5/ch5_8.py ====================
請輸入西元出生年：1961
你是生肖是：牛
>>>
==================== RESTART: D:/Python/ch5/ch5_8.py ====================
請輸入西元出生年：1975
你是生肖是：兔
```

註　以上是用西元日曆，十二生肖年是用農曆年，所以年初或年尾會有一些差異。

5-6-5　求一元二次方程式的根

在國中數學中，我們可以看到下列一元二次方程式：

$$ax^2 + bx + c = 0$$

上述可以用下列方式獲得根。

$$r1 = \frac{-b + \sqrt{b^2 - 4ac}}{2a} \qquad r2 = \frac{-b - \sqrt{b^2 - 4ac}}{2a}$$

上述方程式有 3 種狀況，如果上述 $b^2 - 4ac$ 是正值，那麼這個一元二次方程式有 2 個實數根。如果上述 $b^2 - 4ac$ 是 0，那麼這個一元二次方程式有 1 個實數根。如果上述 $b^2 - 4ac$ 是負值，那麼這個一元二次方程式沒有實數根。

實數根的幾何意義是與 x 軸交叉點的座標。

程式實例 ch5_9.py：有一個一元二次方程式如下：

$$3x^2 + 5x + 1 = 0$$

求這個方程式的根。

```
1  # ch5_9.py
2  a = 3
3  b = 5
4  c = 1
5
6  r1 = (-b + (b**2-4*a*c)**0.5)/(2*a)
7  r2 = (-b - (b**2-4*a*c)**0.5)/(2*a)
8  print("r1 = %6.4f,    r2 = %6.4f" % (r1, r2))
```

執行結果
```
==================== RESTART: D:/Python/ch5/ch5_9.py ====================
r1 = -0.2324,    r2 = -1.4343
```

習題實作題

1： 請輸入正或負整數，不使用 abs( ) 函數，程式皆可以輸出整數，此程式必須有 if 敘述。(5-3 節)

```
==================== RESTART: D:\Python\ex\ex5_1.py ====================
輸出絕對值
請輸入任意整數值: -88
絕對值是 88
>>>
==================== RESTART: D:\Python\ex\ex5_1.py ====================
輸出絕對值
請輸入任意整數值: 55
絕對值是 55
```

2： 請輸入 3 個數字，本程式可以將數字由大到小輸出。(5-3 節)

```
==================== RESTART: D:\Python\ex\ex5_2.py ====================
請輸入3個整數值: 3, 6, 5
大到小分別是  6 5 3
>>>
==================== RESTART: D:\Python\ex\ex5_2.py ====================
請輸入3個整數值: 2, 8, 10
大到小分別是  10 8 2
```

3： 有一個圓半徑是 20，圓中心在座標 (0,0) 位置，請輸入任意點座標，這個程式可以判斷此點座標是不是在圓內部。(5-4 節)

提示：可以計算點座標距離圓中心的長度是否小於半徑。

```
==================== RESTART: D:/Python/ex/ex5_3.py ====================
請輸入點座標 : 10, 10
點座標(10,10)在圓內部
>>>
==================== RESTART: D:/Python/ex/ex5_3.py ====================
請輸入點座標 : 20, 20
點座標(20,20)不在圓內部
```

4：　請設計一個程式，此程式可以執行下列 3 件事：(5-5 節)

　　❏ 若輸入是大寫字元，告知輸入是大寫字元。

　　❏ 若輸入是小寫字元，告知輸入是小寫字元。

　　❏ 若輸入是阿拉伯數字，告知輸入是數字。

　　❏ 若輸入其他字元，告知輸入是特殊字元。

```
==================== RESTART: D:\Python\ex\ex5_4.py ====================
判斷輸入字元類別
請輸入字元: A
大寫字元
>>>
==================== RESTART: D:\Python\ex\ex5_4.py ====================
判斷輸入字元類別
請輸入字元: r
小寫字元
>>>
==================== RESTART: D:\Python\ex\ex5_4.py ====================
判斷輸入字元類別
請輸入字元: 8
數字
>>>
==================== RESTART: D:\Python\ex\ex5_4.py ====================
判斷輸入字元類別
請輸入字元: #
特殊字元
```

5：　有一地區的票價收費標準是 100 元。(5-5 節)

　　❏ 但是如果小於等於 6 歲或大於等於 80 歲，收費是打 2 折。

　　❏ 但是如果是 7-12 歲或 60-79 歲，收費是打 5 折。

　　請輸入歲數，程式會計算票價。

```
==================== RESTART: D:\Python\ex\ex5_5.py ====================
計算票價
請輸入年齡: 81
票價是: 20
>>>
==================== RESTART: D:\Python\ex\ex5_5.py ====================
計算票價
請輸入年齡: 60
票價是: 50
>>>
==================== RESTART: D:\Python\ex\ex5_5.py ====================
計算票價
請輸入年齡: 5
票價是: 20
>>>
==================== RESTART: D:\Python\ex\ex5_5.py ====================
計算票價
請輸入年齡: 30
票價是: 100
```

6：　三角形邊長的要件是 2 邊長加起來大於第三邊，請輸入 3 個邊長，如果這 3 個邊長可以形成三角形則輸出三角形的周長。如果這 3 個邊長無法形成三角形，則輸出這不是三角形的邊長。(5-6 節)

```
================== RESTART: D:/Python/ex/ex5_6.py ==================
請輸入3邊長 : 3, 3, 3
三角形周長是 : 9
>>>
================== RESTART: D:/Python/ex/ex5_6.py ==================
請輸入3邊長 : 3, 3, 9
這不是三角形的邊長
```

7：　擴充設計 ch5_6.py，列出中國 BMI 指數區分的結果表。(5-6 節)

```
================== RESTART: D:\Python\ex\ex5_7.py ==================
請輸入身高(公分)：170
請輸入體重(公斤)：49
體重過輕
>>>
================== RESTART: D:\Python\ex\ex5_7.py ==================
請輸入身高(公分)：170
請輸入體重(公斤)：62
正常
>>>
================== RESTART: D:\Python\ex\ex5_7.py ==================
請輸入身高(公分)：170
請輸入體重(公斤)：80
超重
>>>
================== RESTART: D:\Python\ex\ex5_7.py ==================
請輸入身高(公分)：170
請輸入體重(公斤)：90
肥胖
```

8：　請參考 ch5_9.py，但是修改為在螢幕輸入 a, b, c 等 3 個數值，彼此用逗號隔開，然後計算此一元二次方程式的根，先列出有幾個根。如果有實數根則列出根值，如果沒有實數根則列出沒有實數根，然後程式結束。(5-6 節)

```
================== RESTART: D:/Python/ex/ex5_8.py ==================
請輸入一元二次方程式的係數 : 3, 5, 1
有2個根
r1 = -0.2324,    r2 = -1.4343
>>>
================== RESTART: D:/Python/ex/ex5_8.py ==================
請輸入一元二次方程式的係數 : 1, 2, 1
有1個根
r1 = -1.0000
>>>
================== RESTART: D:/Python/ex/ex5_8.py ==================
請輸入一元二次方程式的係數 : 1, 2, 8
沒有實數根
```

第六章

串列 (List)

串列 (list) 是 Python 的一種的可以更改內容的資料型態，它是由一系列元素所組成的序列資料。如果現在我們要設計班上同學的成績表，班上有 50 位同學，可能需要設計 50 個變數，這是一件麻煩的事。如果學校單位要設計所有學生的資料庫，學生人數有 1000 人，需要 1000 個變數，這似乎是不可能的事。Python 的串列資料型態，可以只用一個變數，解決這方面的問題，要存取時可以用串列名稱加上索引值即可，這也是本章的主題。

相信閱讀至此章節，讀者已經對 Python 有一些基礎知識了，這章筆者也將講解簡單的物件導向 (Object Oriented) 觀念，同時教導對者學習利用 Python 所提供的內建資源，未來將一步一步帶領讀者邁向學習 Python 之路。

6-1　認識串列 (list)

Python 的串列功能除了可以儲存相同資料型態，例如：整數、浮點數、字串，我們將每一筆資料稱元素。一個串列也可以儲存不同資料型態，例如：串列內同時含有整數、浮點數和字串。甚至一個串列也可以有其它串列、元組 (tuple，第 8 章內容) 或是字典 (dict，第 9 章內容) … 等當作是它的元素，因此，Python 可以工作的能力，將比其它程式語言強大。

串列可以有不同元素, 可以用索引取得串列元素內容

6-1-1　串列基本定義

定義串列的語法格式如下：

mylist = [元素 1, …, 元素 n,]　　　# mylist 是假設的串列名稱

　　基本上串列的每一筆資料稱元素,這些元素放在中括號 [ ] 內,彼此用逗號 "," 隔開,上述元素 n 右邊的 "," 可有可無,這是 Python 設計編譯程式的人員的貼心設計,因為當元素內容資料量夠長時,我們可能會一行放置一個元素,有的設計師處理每個元素末端習慣加上 "," 符號,處理最後一個元素 n 時有時也習慣加上此符號,例如可參考 6-6-2 節。如果要列印串列內容,可以用 print( ) 函數,將串列名稱當作變數名稱即可。

實例 1:NBA 球員 James 前 5 場比賽得分,分別是 23、19、22、31、18,可以用下列方式定義串列。

> james = [23, 19, 22, 31, 18]

實例 2:為所銷售的水果,蘋果、香蕉、橘子建立串列,可以用下列方式定義串列。

> fruits = ['apple', 'banana', 'orange']

　　在定義串列時,元素內容也可以使用中文。

實例 3:為所銷售的水果,蘋果、香蕉、橘子建立中文元素的串列,可以用下列方式定義串列。

> fruits = [' 蘋果 ', ' 香蕉 ', ' 橘子 ']

實例 4:建立空串列。

> fruits = [ ]

實例 5:串列內可以有不同的資料型態,例如:在實例 1 的 james 串列,增加第 1 筆元素,放他的全名。

> james1 = ['Lebron James', 23, 19, 22, 31, 18]

程式實例 ch6_1.py:定義串列同時列印,最後使用 type( ) 列出串列資料型態。

```
1  # ch6_1.py
2  james = [23, 19, 22, 31, 18]                    # 定義james串列
3  print("列印james串列", james)
4  james1 = ['Lebron James',23, 19, 22, 31, 18]    # 定義james1串列
5  print("列印james1串列", james1)
6  fruits = ['apple', 'banana', 'orange']          # 定義fruits串列
7  print("列印fruits串列", fruits)
```

```
8  cfruits = ['蘋果', '香蕉', '橘子']                # 定義cfruits串列
9  print("列印cfruits串列", cfruits)
10 ielts = [5.5, 6.0, 6.5]                          # 定義IELTS成績串列
11 print("列印IELTS成績", ielts)
12 # 列出串列資料型態
13 print("串列james資料型態是: ",type(james))
```

執行結果

```
===================== RESTART: D:\Python\ch6\ch6_1.py =====================
列印james串列 [23, 19, 22, 31, 18]
列印james1串列 ['Lebron James', 23, 19, 22, 31, 18]
列印fruits串列 ['apple', 'banana', 'orange']
列印cfruits串列 ['蘋果', '香蕉', '橘子']
列印IELTS成績 [5.5, 6.0, 6.5]
串列james資料型態是:  <class 'list'>
```

6-1-2　讀取串列元素

我們可以用串列名稱與索引讀取串列元素的內容,在 Python 中元素是從索引值 0 開始配置。所以如果是串列的第一筆元素,索引值是 0,第二筆元素索引值是 1,其它依此類推,如下所示:

mylist[i]   # 讀取索引 i 的串列元素

程式實例 ch6_2.py:讀取串列元素的應用,與 Python 多重指定觀念的應用。

```
1  # ch6_2.py
2  james = [23, 19, 22, 31, 18]                    # 定義james串列
3  # 傳統設計方式
4  game1 = james[0]
5  game2 = james[1]
6  game3 = james[2]
7  game4 = james[3]
8  game5 = james[4]
9  print("列印james各場次得分", game1, game2, game3, game4, game5)
10 # Python高手好的設計方式
11 game1, game2, game3, game4, game5 = james
12 print("列印james各場次得分", game1, game2, game3, game4, game5)
```

執行結果

```
===================== RESTART: D:\Python\ch6\ch6_2.py =====================
列印james各場次得分 23 19 22 31 18
列印james各場次得分 23 19 22 31 18
```

上述程式經過第 2 行的定義後,串列索引值的觀念如下:

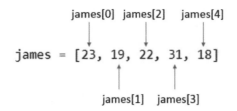

所以程式第 4 行至第 8 行，可以得到上述第 1 行的執行結果。上述程式第 11 行是多重指定的觀念，讓整個 Python 設計簡潔許多，這是 Python 高手常用的程式設計方式，在上述設計中第 11 行的多重指定變數的數量需與串列元素的個數相同，否則會有錯誤產生。其實懂得用這種方式設計，才算是真正了解 Python 語言的基本精神。

註 第 11 行將一個串列設給多個變數 Python 術語稱串列解包 (unpack)。

6-1-3 串列切片 (list slices)

在設計程式時，常會需要取得串列前幾個元素、後幾個元素、某區間元素或是依照一定規則排序的元素，所取得的系列元素也可稱子串列，這個觀念稱串列切片 (list slices)，此時可以用下列方法。

```
mylist[start:end]              # 讀取從索引 start 到 (end-1) 索引的串列元素
mylist[:n]                     # 取得串列前 n 名
mylist[:-n]                    # 取得串列前面，不含最後 n 名
mylist[n:]                     # 取得串列索引 n 到最後
mylist[-n:]                    # 取得串列後 n 名
mylist[-n]                     # 倒數第 n 名，-1 代表最後一筆
mylist[:]                      # 取得所有元素，將在 6-6-2 節解說
```

下列是讀取區間，但是用 step 作為每隔多少區間再讀取

```
mylist[start:end:step]   # 每隔 step，讀取索引 start 到 (end-1) 索引的元素
```

程式實例 ch6_3.py：列出特定區間球員的得分子串列。

```
1  # ch6_3.py
2  james = [23, 19, 22, 31, 18]                    # 定義james串列
3  print("列印james第1-3場得分", james[0:3])
4  print("列印james第2-4場得分", james[1:4])
5  print("列印james第1,3,5場得分", james[0:6:2])
```

執行結果
```
==================== RESTART: D:\Python\ch6\ch6_3.py ====================
列印james第1-3場得分 [23, 19, 22]
列印james第2-4場得分 [19, 22, 31]
列印james第1,3,5場得分 [23, 22, 18]
```

程式實例 ch6_4.py：列出球隊前 3 名隊員、從索引 1 到最後隊員與後 3 名隊員子串列。

```python
1  # ch6_4.py
2  warriors = ['Curry', 'Durant', 'Iquodala', 'Bell', 'Thompson']
3  first3 = warriors[:3]
4  print("前3名球員",first3)
5  n_to_last = warriors[1:]
6  print("球員索引1到最後",n_to_last)
7  last3 = warriors[-3:]
8  print("後3名球員",last3)
```

執行結果
```
==================== RESTART: D:\Python\ch6\ch6_4.py ====================
前3名球員 ['Curry', 'Durant', 'Iquodala']
球員索引1到最後 ['Durant', 'Iquodala', 'Bell', 'Thompson']
後3名球員 ['Iquodala', 'Bell', 'Thompson']
```

6-1-4　串列統計資料、最大值 max( )、最小值 min( )、總和 sum( )

Python 有內建一些執行統計運算的函數，如果串列內容全部是數值則可以使用 max( ) 函數獲得串列的最大值，min( ) 函數可以獲得串列的最小值，sum( ) 函數可以獲得串列的總和。如果串列內容全部是字元或字串則可以使用 max( ) 函數獲得串列的 unicode 碼值的最大值，min( ) 函數可以獲得串列的 unicode 碼值最小值。sum( ) 則不可使用在串列元素為非數值情況。

程式實例 ch6_5.py：計算 james 球員 5 場的最高得分、最低得分和 5 場的得分總計。

```python
1  # ch6_5.py
2  james = [23, 19, 22, 31, 18]              # 定義james的5場比賽得分
3  print("最高得分 = ", max(james))
4  print("最低得分 = ", min(james))
5  print("得分總計 = ", sum(james))
```

執行結果
```
==================== RESTART: D:\Python\ch6\ch6_5.py ====================
最高得分 =  31
最低得分 =  18
得分總計 =  113
```

上述我們很快的獲得了統計資訊，各位可能會想，如果我們在串列內含有字串，例如：程式實例 ch6_1.py 的 James 串列，這個串列第一筆元素是字串，如果這時仍然直接用 max(James) 會有錯誤的。

```
>>> james1 = ['Lebron James', 23, 19, 22, 31, 18]
>>> x = max[james1]
Traceback (most recent call last):
  File "<pyshell#27>", line 1, in <module>
    x = max[james1]
TypeError: 'builtin_function_or_method' object is not subscriptable
```

碰上這類的字串我們可以使用 6-1-3 節方式，用切片方式處理，如下所示。

程式實例 ch6_6.py：重新設計 ch6_5.py，但是使用含字串元素的 james1 串列。

```
1  # ch6_6.py
2  james1 = ['Lebron James', 23, 19, 22, 31, 18]   # 定義james1的5場比賽得分
3  print("最高得分 = ", max(james1[1:6]))
4  print("最低得分 = ", min(james1[1:6]))
5  print("得分總計 = ", sum(james1[1:6]))
```

執行結果

```
==================== RESTART: D:\Python\ch6\ch6_6.py ====================
最高得分 =  31
最低得分 =  18
得分總計 =  113
```

6-1-5　串列元素個數 len( )

程式設計時，可能會增加元素，也有可能會刪除元素，時間久了即使是程式設計師也無法得知串列內剩餘多少元素，此時可以借用本小節的的 len( ) 函數，這個函數可以獲得串列的元素個數。

程式實例 ch6_7.py：重新設計 ch6_5.py，獲得場次數據。

```
1  # ch6_7.py
2  james = [23, 19, 22, 31, 18]          # 定義james的5場比賽得分
3  games = len(james)                    # 獲得場次數據
4  print("經過 %d 比賽最高得分 = " % games, max(james))
5  print("經過 %d 比賽最低得分 = " % games, min(james))
6  print("經過 %d 比賽得分總計 = " % games, sum(james))
```

執行結果

```
==================== RESTART: D:\Python\ch6\ch6_7.py ====================
經過 5 比賽最高得分 =  31
經過 5 比賽最低得分 =  18
經過 5 比賽得分總計 =  113
```

6-1-6　更改串列元素的內容

可以使用串列名稱和索引值更改串列元素的內容。

程式實例 ch6_8.py：修改 James 第 5 場比賽分數。

```
1  # ch6_8.py
2  james = [23, 19, 22, 31, 18]          # 定義james的5場比賽得分
3  print("舊的James比賽分數", james)
4  james[4] = 28
5  print("新的James比賽分數", james)
```

執行結果

```
================= RESTART: D:\Python\ch6\ch6_8.py ==================
舊的James比賽分數 [23, 19, 22, 31, 18]
新的James比賽分數 [23, 19, 22, 31, 28]
```

這個觀念可以用在更改整數資料也可以修改字串資料。

6-1-7　串列的相加

Python 是允許串列相加，相當於將串列結合。

程式實例 ch6_9.py：一家汽車經銷商原本可以銷售 Toyota、Nissan、Honda，現在併購一家銷售 Audi、BMW 的經銷商，可用下列方式設計銷售品牌。

```
1  # ch6_9.py
2  cars1 = ['Toyota', 'Nissan', 'Honda']
3  print("舊汽車銷售品牌", cars1)
4  cars2 = ['Audi', 'BMW']
5  cars1 += cars2
6  print("新汽車銷售品牌", cars1)
```

執行結果

```
================= RESTART: D:\Python\ch6\ch6_9.py ==================
舊汽車銷售品牌 ['Toyota', 'Nissan', 'Honda']
新汽車銷售品牌 ['Toyota', 'Nissan', 'Honda', 'Audi', 'BMW']
```

6-2 Python 簡單的物件導向觀念

在物件導向的程式設計 (Object Oriented Programming) 觀念裡，所有資料皆算是一個物件 (Object)，例如，整數、浮點數、字串或是本章所提的串列皆是一個物件。我們可以為所建立的物件設計一些方法 (method)，供這些物件使用，在這裡所提的方法表面是函數，但是這函數是放在類別 (第 12 章會介紹類別) 內，我們稱之為方法，它與函數呼叫方式不同。目前 Python 有為一些基本物件，提供預設的方法，要使用這些方法可以在物件後先放小數點，再放方法名稱，基本語法格式如下：

物件 . 方法 ( )

6-2-1　字串的方法

幾個字串操作常用的方法 (method) 如下：

❑ lower( )：將字串轉成小寫字。

❑ upper( )：將字串轉成大寫字。

❑ title( )：將字串轉成第一個字母大寫，其它是小寫。

❑ rstrip( )：刪除字串尾端多餘的空白。

❑ lstrip( )：刪除字串開始端多餘的空白。

❑ strip( )：刪除字串頭尾兩邊多餘的空白。

程式實例 ch6_10.py：將字串改成小寫，與將字串改成大寫，以及將字串改成第一個字母大寫，其它是小寫。

```
1  # ch6_10.py
2  strN = "DeepStone"
3  strU = strN.upper( )          # 改成大寫
4  strL = strN.lower( )          # 改成小寫
5  strT = strN.title( )          # 改成第一個字母大寫其他小寫
6  print("大寫輸出:",strU,"\n小寫輸出:",strL,"\n第一字母大寫:",strT)
```

執行結果
```
==================== RESTART: D:\Python\ch6\ch6_10.py ====================
大寫輸出: DEEPSTONE
小寫輸出: deepstone
第一字母大寫: Deepstone
```

刪除字串開始或結尾多餘空白是一個很好用的方法 (method)，特別是系統要求讀者輸入資料時，一定會有人不小心多輸入了一些空白字元，此時可以用這個方法刪除多餘的空白。

程式實例 ch6_11.py：刪除開始端與結尾端多餘空白的應用。

```
1  # ch6_11.py
2  strN = " DeepStone "
3  strL = strN.lstrip()          # 刪除字串左邊多餘空白
4  strR = strN.rstrip()          # 刪除字串右邊多餘空白
5  strB = strN.lstrip()          # 先刪除字串左邊多餘空白
6  strB = strB.rstrip()          # 再刪除字串右邊多餘空白
7  strO = strN.strip()           # 一次刪除頭尾端多餘空白
8  print("/%s/" % strN)
9  print("/%s/" % strL)
10 print("/%s/" % strR)
11 print("/%s/" % strB)
12 print("/%s/" % strO)
```

執行結果

```
=================== RESTART: D:\Python\ch6\ch6_11.py ===================
/ DeepStone /
/DeepStone /
/ DeepStone /
/DeepStone/
/DeepStone/
```

6-2-2　更改字串大小寫

如果串列內的元素字串資料是小寫，例如：輸出的車輛名稱是 "benz"，其實我們可以使用前一小節的 title( ) 讓開頭車輛名稱的第一個字母大寫，可能會更好。

程式實例 ch6_12.py：將 upper( ) 和 title( ) 應用在字串。

```
1   # ch6_12.py
2   cars = ['bmw', 'benz', 'audi']
3   carF = "我開的第一部車是 " + cars[1].title()
4   carN = "我現在開的車子是 " + cars[0].upper()
5   print(carF)
6   print(carN)
```

執行結果

```
=================== RESTART: D:\Python\ch6\ch6_12.py ===================
我開的第一部車是 Benz
我現在開的車子是 BMW
```

上述第 3 行是將 benz 改為 Benz，第 4 行是將 bmw 改為 BMW。下列是使用 lower( ) 將字串改為小寫的實例。

```
>>> x = 'ABC'
>>> x.lower()
'abc'
```

使用 title( ) 時需留意，如果字串內含多個單字，所有的單字均是第一個字母大寫。

```
>>> x = "i love python"
>>> x.title()
'I Love Python'
```

6-3 增加與刪除串列元素

6-3-1　在串列末端增加元素 append( )

Python 為串列內建了新增元素的方法 append( )，這個方法可以在串列末端直接增加元素。

```
mylist.append(' 新增元素 ')
```

程式實例 ch6_13.py：先建立一個空串列，然後分別使用 append( ) 增加 3 筆元素內容。

```
1  # ch6_13.py
2  cars = []
3  print("目前串列內容 = ",cars)
4  cars.append('Honda')
5  print("目前串列內容 = ",cars)
6  cars.append('Toyota')
7  print("目前串列內容 = ",cars)
8  cars.append('Ford')
9  print("目前串列內容 = ",cars)
```

執行結果

```
================== RESTART: D:\Python\ch6\ch6_13.py ==================
目前串列內容 =  []
目前串列內容 =  ['Honda']
目前串列內容 =  ['Honda', 'Toyota']
目前串列內容 =  ['Honda', 'Toyota', 'Ford']
```

6-3-2 插入串列元素 insert( )

append( ) 方法是固定在串列末端插入元素，insert( ) 方法則是可以在任意位置插入元素，它的使用格式如下：

insert(索引 , 元素內容)　　　#索引是插入位置，元素內容是插入內容

程式實例 ch6_14.py：使用 insert( ) 插入串列元素的應用。

```
1  # ch6_14.py
2  cars = ['Honda','Toyota','Ford']
3  print("目前串列內容 = ",cars)
4  print("在索引1位置插入Nissan")
5  cars.insert(1,'Nissan')
6  print("新的串列內容 = ",cars)
7  print("在索引0位置插入BMW")
8  cars.insert(0,'BMW')
9  print("最新串列內容 = ",cars)
```

執行結果

```
================== RESTART: D:\Python\ch6\ch6_14.py ==================
目前串列內容 =  ['Honda', 'Toyota', 'Ford']
在索引1位置插入Nissan
新的串列內容 =  ['Honda', 'Nissan', 'Toyota', 'Ford']
在索引0位置插入BMW
最新串列內容 =  ['BMW', 'Honda', 'Nissan', 'Toyota', 'Ford']
```

6-3-3　刪除串列元素 pop( )

6-1-9 節筆者有介紹使用 del 刪除串列元素，在該節筆者同時指出最大缺點是，資料刪除了就無法取得相關資訊。使用 pop( ) 方法刪除元素最大的優點是，刪除後將彈出所刪除的值，使用 pop( ) 時若是未指明所刪除元素的位置，一律刪除串列末端的元素。pop( ) 的使用方式如下：

```
value = mylist.pop( )      # 沒有索引是刪除串列末端元素
value = mylist.pop(i)      # 是刪除指定索引值的串列元素
```

程式實例 ch6_15.py：使用 pop( ) 刪除串列元素的應用，這個程式第 5 行未指明刪除的索引值，所以刪除了串列的最後一個元素。程式第 9 行則是指明刪除索引值為 1 的元素。

```
1  # ch6_15.py
2  cars = ['Honda','Toyota','Ford','BMW']
3  print("目前串列內容 = ",cars)
4  print("使用pop()刪除串列元素")
5  popped_car = cars.pop()            # 刪除串列末端元素
6  print("所刪除的串列內容是 ： ", popped_car)
7  print("新的串列內容 = ",cars)
8  print("使用pop(1)刪除串列元素")
9  popped_car = cars.pop(1)           # 刪除串列索引為1的元素
10 print("所刪除的串列內容是 ： ", popped_car)
11 print("新的串列內容 = ",cars)
```

執行結果
```
==================== RESTART: D:\Python\ch6\ch6_15.py ====================
目前串列內容 =  ['Honda', 'Toyota', 'Ford', 'BMW']
使用pop()刪除串列元素
所刪除的串列內容是 ：  BMW
新的串列內容 =  ['Honda', 'Toyota', 'Ford']
使用pop(1)刪除串列元素
所刪除的串列內容是 ：  Toyota
新的串列內容 =  ['Honda', 'Ford']
```

6-3-4　刪除指定的元素 remove( )

在刪除串列元素時，有時可能不知道元素在串列內的位置，此時可以使用 remove( ) 方法刪除指定的元素，它的使用方式如下：

mylist.remove(想刪除的元素內容)

如果串列內有相同的元素，則只刪除第一個出現的元素，如果想要刪除所有相同的元素，必須使用迴圈，下一章將會講解迴圈的觀念。

程式實例 ch6_16.py：刪除串列中第一次出現的元素 bmw，這個串列有 2 筆 bmw 字串，最後只刪除索引為 1 的 bmw 字串。。

```
1  # ch6_16.py
2  cars = ['Honda','bmw','Toyota','Ford','bmw']
3  print("目前串列內容 = ",cars)
4  print("使用remove( )刪除串列元素")
5  expensive = 'bmw'
6  cars.remove(expensive)              # 刪除第一次出現的元素bmw
7  print("所刪除的內容是: " + expensive.upper() + " 因為太貴了")
8  print("新的串列內容",cars)
```

執行結果

```
==================== RESTART: D:\Python\ch6\ch6_16.py ====================
目前串列內容 =  ['Honda', 'bmw', 'Toyota', 'Ford', 'bmw']
使用remove( )刪除串列元素
所刪除的內容是: BMW 因為太貴了
新的串列內容 ['Honda', 'Toyota', 'Ford', 'bmw']
```

6-4 串列的排序

6-4-1 顛倒排序 reverse( )

reverse( ) 可以顛倒排序串列元素，它的使用方式如下：

mylist.reverse( )　　　　　　# 顛倒排序 mylist 串列元素

程式實例 ch6_17.py：執行顛倒排序串列元素。

```
1  # ch6_17.py
2  cars = ['Honda','bmw','Toyota','Ford','bmw']
3  print("目前串列內容 = ",cars)
4  # 更改串列內容
5  print("使用reverse()顛倒排序串列元素")
6  cars.reverse()              # 顛倒排序串列
7  print("新的串列內容 = ",cars)
```

執行結果

```
==================== RESTART: D:\Python\ch6\ch6_17.py ====================
目前串列內容 =  ['Honda', 'bmw', 'Toyota', 'Ford', 'bmw']
使用reverse()顛倒排序串列元素
新的串列內容 =  ['bmw', 'Ford', 'Toyota', 'bmw', 'Honda']
```

串列經顛倒排放後，就算永久性更改了，如果要復原，可以再執行一次 reverse( ) 方法。

6-4-2　sort( ) 排序

　　sort( ) 方法可以對串列元素由小到大排序，這個方法可以同時對純數值元素與純英文字串元素有非常好的效果。要留意的是，經排序後原串列的元素順序會被永久更改。它的使用格式如下：

　　　　mylist.sort( )　　　　　　　　　　　# 由小到大排序 mylist 串列

　　如果是排序英文字串，建議先將字串英文字元全部改成小寫或全部改成大寫。

程式實例 ch6_18.py：數字與英文字串元素排序的應用。

```
1  # ch6_18.py
2  cars = ['honda','bmw','toyota','ford']
3  print("目前串列內容 = ",cars)
4  print("使用sort()由小排到大")
5  cars.sort()
6  print("排序串列結果 = ",cars)
7  nums = [5, 3, 9, 2]
8  print("目前串列內容 = ",nums)
9  print("使用sort()由小排到大")
10 nums.sort()
11 print("排序串列結果 = ",nums)
```

執行結果

```
==================== RESTART: D:\Python\ch6\ch6_18.py ====================
目前串列內容 =  ['honda', 'bmw', 'toyota', 'ford']
使用sort()由小排到大
排序串列結果 =  ['bmw', 'ford', 'honda', 'toyota']
目前串列內容 =  [5, 3, 9, 2]
使用sort()由小排到大
排序串列結果 =  [2, 3, 5, 9]
```

　　上述內容是由小排到大，sort( ) 方法是允許由大排到小，只要在 sort( ) 內增加參數 "reverse=True" 即可。

程式實例 ch6_19.py：重新設計 ch6_18.py，將串列元素由大排到小。

```
1  # ch6_19.py
2  cars = ['honda','bmw','toyota','ford']
3  print("目前串列內容 = ",cars)
4  print("使用sort()由大排到小")
5  cars.sort(reverse=True)
6  print("排序串列結果 = ",cars)
7  nums = [5, 3, 9, 2]
8  print("目前串列內容 = ",nums)
9  print("使用sort()由大排到小")
10 nums.sort(reverse=True)
11 print("排序串列結果 = ",nums)
```

```
==================== RESTART: D:\Python\ch6\ch6_19.py ====================
目前串列內容 = ['honda', 'bmw', 'toyota', 'ford']
使用sort()由大排到小
排序串列結果 = ['toyota', 'honda', 'ford', 'bmw']
目前串列內容 = [5, 3, 9, 2]
使用sort()由大排到小
排序串列結果 = [9, 5, 3, 2]
```

6-5 進階串列操作

6-5-1　index( )

這個方法可以傳回特定元素內容第一次出現的索引值，它的使用格式如下：

索引值 = 串列名稱 .index(搜尋值)

程式實例 ch6_20.py：傳回搜尋索引值的應用。

```
1  # ch6_20.py
2  cars = ['toyota', 'nissan', 'honda']
3  search_str = 'nissan'
4  i = cars.index(search_str)
5  print("所搜尋元素 %s 第一次出現位置索引是 %d" % (search_str, i))
6  nums = [7, 12, 30, 12, 30, 9, 8]
7  search_val = 30
8  j = nums.index(search_val)
9  print("所搜尋元素 %s 第一次出現位置索引是 %d" % (search_val, j))
```

執行結果
```
==================== RESTART: D:\Python\ch6\ch6_20.py ====================
所搜尋元素 nissan 第一次出現位置索引是 1
所搜尋元素 30 第一次出現位置索引是 2
```

　　如果搜尋值不在串列會出現錯誤，所以在使用前建議可以先使用 in 運算式 (可參考 6-9 節)，先判斷搜尋值是否在串列內，如果是在串列內，再執行 index( ) 方法。

6-5-2　count( )

這個方法可以傳回特定元素內容出現的次數，它的使用格式如下：

次數 = 串列名稱 .count(搜尋值)

如果搜尋值不在串列會傳回 0。

程式實例 ch6_21.py：傳回搜尋值出現的次數的應用。

```
1  # ch6_21.py
2  cars = ['toyota', 'nissan', 'honda']
3  search_str = 'nissan'
4  num1 = cars.count(search_str)
5  print("所搜尋元素 %s 出現 %d 次" % (search_str, num1))
6  nums = [7, 12, 30, 12, 30, 9, 8]
7  search_val = 30
8  num2 = nums.count(search_val)
9  print("所搜尋元素 %s 出現 %d 次" % (search_val, num2))
```

執行結果

```
==================== RESTART: D:\Python\ch6\ch6_21.py ====================
所搜尋元素 nissan 出現 1 次
所搜尋元素 30 出現 2 次
```

6-6 串列內含串列

6-6-1　基本觀念

串列內含串列的基本精神如下：

num = [1, 2, 3, 4, 5, [6, 7, 8]]

對上述而言，num 是一個串列，在這個串列內有另一個串列 [7, 8, 9]，因為內部串列的索引值是 5，所以可以用 num[5]，獲得這個元素串列的內容。

```
>>> num = [1, 2, 3, 4, 5, [6, 7, 8]]
>>> num[5]
[6, 7, 8]
>>>
```

如果想要存取串列內的串列元素，可以使用下列格式：

num[索引 1][索引 2]

索引 1 是元素串列原先索引位置，索引 2 是元素串列內部的索引。

實例 1：列出串列內的串列元素值。

```
>>> num = [1, 2, 3, 4, 5, [6, 7, 8]]
>>> print(num[5][0])
6
>>> print(num[5][1])
7
>>> print(num[5][2])
8
>>>
```

串列內含串列主要應用是，例如：可以用這個資料格式儲存 NBA 球員 Lebron James 的數據如下所示：

James = [['Lebron James', 'SF','12/30/1984'], 23, 19, 22, 31, 18]

其中第一個元素是串列，用於儲存 Lebron James 個人資料，其它則是儲存每場得分資料。

程式實例 ch6_22.py：先列出 Lebron James 個人資料再計算那一個場次得到最高分。程式第 2 行，SF 全名是 Small Forward 小前鋒。

```
1   # ch6_22.py
2   james = [['Lebron James','SF','12/30/84'],23,19,22,31,18]   # 定義james串列
3   games = len(james)                                          # 求元素數量
4   score_Max = max(james[1:games])                             # 最高得分
5   i = james.index(score_Max)                                  # 場次
6   name = james[0][0]
7   position = james[0][1]
8   born = james[0][2]
9   print("姓名      : ", name)
10  print("位置      : ", position)
11  print("出生日期 : ", born)
12  print("在第 %d 場得最高分 %d" % (i, score_Max))
```

執行結果

```
==================== RESTART: D:\Python\ch6\ch6_22.py ====================
姓名      :  Lebron James
位置      :  SF
出生日期 :  12/30/84
在第 4 場得最高分 31
```

程式實例 ch6_23.py：用 Python 精神重新設計 ch6_22.py，這個程式主要是將第 6-8 行改成下列方式處理。

```
6   name, position, born = james[0]
```

執行結果　與 ch6_22.py 相同。

6-6-2　再看二維串列

所謂的二維串列 (two dimension list) 可以想成是二維空間，前一小節筆者已有說明，本節筆者將更進一步解說，下列是一個考試成績系統的表格：

姓名	國文	英文	數學	總分
洪錦魁	80	95	88	0
洪冰儒	98	97	96	0
洪雨星	91	93	95	0
洪冰雨	92	94	90	0
洪星宇	92	97	90	0

上述總分先放 0，筆者會教導讀者如何處理這個部分，假設串列名稱是 sc，在 Python 我們可以用下列方式記錄成績系統。

sc = [[' 洪錦魁 ', 80, 95, 88, 0],
　　　[' 洪冰儒 ', 98, 97, 96, 0],
　　　[' 洪雨星 ', 91, 93, 95, 0],
　　　[' 洪冰雨 ', 92, 94, 90, 0],
　　　[' 洪星宇 ', 92, 97, 90, 0],
　　　]

上述最後一筆串列元素 [' 洪星宇 ', 92, 97, 90, 0] 右邊的 "," 可有可無，這是 Python 設計人員貼心的設計，方便我們編輯這類應用，編譯程式均可處理。

假設我們先不考慮表格的標題名稱，當我們設計程式時可以使用下列方式處理索引。

姓名	國文	英文	數學	總分
[0][0]	[0][1]	[0][2]	[0][3]	[0][4]
[1][0]	[1][1]	[1][2]	[1][3]	[1][4]
[2][0]	[2][1]	[2][2]	[2][3]	[2][4]
[3][0]	[3][1]	[3][2]	[3][3]	[3][4]
[4][0]	[4][1]	[4][2]	[4][3]	[4][4]

上述表格最常見的應用是，我們使用迴圈計算每個學生的總分，這將在下一章補充說明，在此我們將用現有的知識處理總分問題，為了簡化筆者只用 2 個學生姓名為實例說明。

程式實例 ch6_24.py：二維串列的成績系統總分計算。

```
1  # ch6_24.py
2  sc = [['洪錦魁', 80, 95, 88, 0],
3        ['洪冰儒', 98, 97, 96, 0],
4       ]
5  sc[0][4] = sum(sc[0][1:4])
6  sc[1][4] = sum(sc[1][1:4])
7  print(sc[0])
8  print(sc[1])
```

執行結果

```
==================== RESTART: D:\Python\ch6\ch6_24.py ====================
['洪錦魁', 80, 95, 88, 263]
['洪冰儒', 98, 97, 96, 291]
```

6-7 串列的賦值與拷貝

6-7-1 串列賦值

假設我喜歡的運動是，籃球與棒球，可以用下列方式設定串列：

mysports = ['basketball', 'baseball']

如果我的朋友也是喜歡這 2 種運動，讀者可能會想用下列方式設定串列。

friendsports = mysports

程式實例 ch6_25.py：列出我和朋友所喜歡的運動。

```
1  # ch6_25.py
2  mysports = ['basketball', 'baseball']
3  friendsports = mysports
4  print("我喜歡的運動    = ", mysports)
5  print("我朋友喜歡的運動 = ", friendsports)
```

執行結果

```
==================== RESTART: D:\Python\ch6\ch6_25.py ====================
我喜歡的運動    =  ['basketball', 'baseball']
我朋友喜歡的運動 =  ['basketball', 'baseball']
```

初看上述執行結果好像沒有任何問題，可是如果我想加入美式足球 football 當作喜歡的運動，我的朋友想加入傳統足球 soccer 當作喜歡的運動，這時我喜歡的運動如下：

basketball、baseball、football

我朋友喜歡的運動如下：

basketball、baseball、soccer

程式實例 ch6_26.py：繼續使用 ch6_25.py，加入美式足球 football 當作喜歡的運動，我的朋友想加入傳統足球 soccer 當作喜歡的運動，同時列出執行結果。

```
1  # ch6_26.py
2  mysports = ['basketball', 'baseball']
3  friendsports = mysports
4  print("我喜歡的運動      = ", mysports)
5  print("我朋友喜歡的運動 = ", friendsports)
6  mysports.append('football')
7  friendsports.append('soccer')
8  print("我喜歡的最新運動      = ", mysports)
9  print("我朋友喜歡的最新運動 = ", friendsports)
```

執行結果

```
==================== RESTART: D:\Python\ch6\ch6_26.py ====================
我喜歡的運動      = ['basketball', 'baseball']
我朋友喜歡的運動 = ['basketball', 'baseball']
我喜歡的最新運動      = ['basketball', 'baseball', 'football', 'soccer']
我朋友喜歡的最新運動 = ['basketball', 'baseball', 'football', 'soccer']
```

這時獲得的結果，不論是我和我的朋友喜歡的運動皆相同，football 和 soccer 皆是變成 2 人共同喜歡的運動。類似這種只要有一個串列更改元素會影響到另一個串列同步更改，這是賦值的特性，所以使用上要小心。

6-7-2 串列的拷貝

拷貝觀念是，執行拷貝後產生新串列物件，當一個串列改變，不會影響另一個串列的內容，這是本小節的重點。方法應該如下：

friendsports = mysports[:]

程式實例 ch6_27.py：使用拷貝方式，重新設計 ch6_26.py。下列是與 ch6_26.py 之間，唯一不同的程式碼。

```
3    friendsports = mysports[:]
```

執行結果

```
==================== RESTART: D:\Python\ch6\ch6_27.py ====================
我喜歡的運動      = ['basketball', 'baseball']
我朋友喜歡的運動 = ['basketball', 'baseball']
我喜歡的最新運動      = ['basketball', 'baseball', 'football']
我朋友喜歡的最新運動 = ['basketball', 'baseball', 'soccer']
```

6-8 　再談字串

3-4 節筆者介紹了字串 (str) 的觀念，在 Python 的應用中可以將單一字串當作是一個序列，這個序列是由字元 (character) 所組成，可想成字元序列。不過字串與串列不同的是，字串內的單一元素內容是不可更改的，

6-8-1 　字串的索引

可以使用索引值的方式取得字串內容，索引方式則與串列相同。

程式實例 ch6_28.py：使用正值與負值的索引列出字串元素內容。

```
1   # ch6_28.py
2   string = "Python"
3   # 正值索引
4   print(" string[0] = ", string[0],
5         "\n string[1] = ", string[1],
6         "\n string[2] = ", string[2],
7         "\n string[3] = ", string[3],
8         "\n string[4] = ", string[4],
9         "\n string[5] = ", string[5])
10  # 負值索引
11  print(" string[-1] = ", string[-1],
12        "\n string[-2] = ", string[-2],
13        "\n string[-3] = ", string[-3],
14        "\n string[-4] = ", string[-4],
15        "\n string[-5] = ", string[-5],
16        "\n string[-6] = ", string[-6])
17  # 多重指定觀念
18  s1, s2, s3, s4, s5, s6 = string
19  print("多重指定觀念的輸出測試 = ",s1,s2,s3,s4,s5,s6)
```

執行結果

```
==================== RESTART: D:\Python\ch6\ch6_28.py ====================
 string[0] =  P
 string[1] =  y
 string[2] =  t
 string[3] =  h
 string[4] =  o
 string[5] =  n
 string[-1] =  n
 string[-2] =  o
 string[-3] =  h
 string[-4] =  t
 string[-5] =  y
 string[-6] =  P
多重指定觀念的輸出測試 =  P y t h o n
```

6-8-2　字串切片

6-1-3 節串列切片的觀念可以應用在字串，下列將直接以實例說明。

程式實例 ch6_29.py：字串切片的應用。

```
1  # ch6_29.py
2  string = "Deep Learning"                    # 定義字串
3  print("列印string第0-2元素    = ", string[0:3])
4  print("列印string第1-3元素    = ", string[1:4])
5  print("列印string第1,3,5元素   = ", string[1:6:2])
6  print("列印string第1到最後元素 = ", string[1:])
7  print("列印string前3元素      = ", string[0:3])
8  print("列印string後3元素      = ", string[-3:])
```

執行結果

```
==================== RESTART: D:\Python\ch6\ch6_29.py ====================
列印string第0-2元素    = Dee
列印string第1-3元素    = eep
列印string第1,3,5元素   = epL
列印string第1到最後元素 = eep Learning
列印string前3元素      = Dee
列印string後3元素      = ing
```

6-8-3　函數或方法

除了會更動內容的串列函數或方法不可應用在字串外，其它則可以用在字串。

函數	說明
len( )	計算字串長度
max( )	最大值
min( )	最小值

程式實例 ch6_30.py：將函數 len( )、max( )、min( ) 應用在字串。

```
1  # ch6_30.py
2  string = "Deep Learning"                    # 定義字串
3  strlen = len(string)
4  print("字串長度", strlen)
5  maxstr = max(string)
6  print("字串最大的unicode碼值和字元", ord(maxstr), maxstr)
7  minstr = min(string)
8  print("字串最小的unicode碼值和字元", ord(minstr), minstr)
```

執行結果

```
==================== RESTART: D:\Python\ch6\ch6_30.py ====================
字串長度 13
字串最大的unicode碼值和字元 114 r
字串最小的unicode碼值和字元 32
```

6-8-4 將字串轉成串列

list( ) 函數可以將參數內的物件轉成串列，下列是字串轉為串列的實例：

```
>>> x = list('Deep Stone')
>>> print(x)
['D', 'e', 'e', 'p', ' ', 'S', 't', 'o', 'n', 'e']
>>>
```

6-8-5 使用 split( ) 處理字串

這個方法 (method)，可以將字串以空格或其它符號為分隔符號，將字串拆開，變成一個串列。

str1.split( )   # 以空格當做分隔符號將字串拆開成串列
str2.split(ch)   # 以 ch 字元當做分隔符號將字串拆開成串列

變成串列後我們可以使用 len( ) 獲得此串列的元素個數，這個相當於可以計算字串是由多少個英文字母組成，由於中文字之間沒有空格，所以本節所述方法只適用在純英文文件。如果我們可以將一篇文章或一本書讀至一個字串變數後，可以使用這個方法獲得這一篇文章或這一本書的字數。

程式實例 ch6_31.py：將 2 種不同類型的字串轉成串列，其中 str1 使用空格當做分隔符號，str2 使用 "/" 當做分隔符號，同時這個程式會列出這 2 個串列的元素數量。

```
1  # ch6_31.py
2  str1 = "Silicon Stone Education"
3  str2 = "D:/Java/ch6"
4
5  sList1 = str1.split()              # 字串轉成串列
6  sList2 = str2.split("/")           # 字串轉成串列
7  print(str1, " 串列內容是 ", sList1)      # 列印串列
8  print(str1, " 串列字數是 ", len(sList1))  # 列印字數
9  print(str2, " 串列內容是 ", sList2)      # 列印串列
10 print(str2, " 串列字數是 ", len(sList2))  # 列印字數
```

執行結果

```
==================== RESTART: D:\Python\ch6\ch6_31.py ====================
Silicon Stone Education  串列內容是  ['Silicon', 'Stone', 'Education']
Silicon Stone Education  串列字數是  3
D:/Java/ch6  串列內容是  ['D:', 'Java', 'ch6']
D:/Java/ch6  串列字數是  3
```

6-8-6　字串的其它方法

本節將講解下列字串方法，startswith( ) 和 endswith( ) 如果是真則傳回 True，如果是偽則傳回 False。

❑ startswith( )：可以列出字串啟始文字是否是特定子字串。

❑ endswith( )：可以列出字串結束文字是否是特定子字串。

❑ replace(ch1,ch2)：將 ch1 字串由另一字串取代。

❑ join( )：將字串內的元素以特定字元連接，成為一個字串。

程式實例 ch6_32.py：列出字串 "CIA" 是不是啟始或結束字串，以及出現次數。最後這個程式會將 Linda 字串用 Lxx 字串取代，這是一種保護情報員名字不外洩的方法。

```
1  # ch6_32.py
2  msg = '''CIA Mark told CIA Linda that the secret USB had given to CIA Peter'''
3  print("字串開頭是CIA: ", msg.startswith("CIA"))
4  print("字串結尾是CIA: ", msg.endswith("CIA"))
5  print("CIA出現的次數: ",msg.count("CIA"))
6  msg = msg.replace('Linda','Lxx')
7  print("新的msg內容 : ", msg)
```

執行結果

```
==================== RESTART: D:\Python\ch6\ch6_32.py ====================
字串開頭是CIA:  True
字串結尾是CIA:  False
CIA出現的次數:  3
新的msg內容 :  CIA Mark told CIA Lxx that the secret USB had given to CIA Peter
```

當有一本小說時，可以由此觀念計算每個人物出現次數，也可由此判斷那些人是主角那些人是配角。

程式實例 ch6_33.py：請輸入檔案名稱，這個程式可以判別這個檔案是不是 Python 檔案。

```
1  # ch6_33.py
2
3  file = input("請輸入檔案名稱 : ")
4  if file.endswith('.py'):      # 以.py為副檔名
5      print("這是Python檔案")
6  else:
7      print("這不是Python檔案")
```

執行結果

```
==================== RESTART: D:\Python\ch6\ch6_33.py ====================
請輸入檔案名稱 : da.ty
這不是Python檔案
>>>
==================== RESTART: D:\Python\ch6\ch6_33.py ====================
請輸入檔案名稱 : da.py
這是Python檔案
```

在網路爬蟲設計的程式應用中，我們可能會常常使用 join( ) 方法，它的語法格式如下：

連接字串 .join(串列)

基本上串列元素會用連接字串組成一個字串。

程式實例 ch6_34.py：將串列內容連接。

```
1  # ch6_34.py
2  path = ['D:','ch6','ch6_36.py']
3  connect = '\\'                    # 這是溢出字元
4  print(connect.join(path))
5  connect = '*'                     # 普通字元
6  print(connect.join(path))
```

執行結果

```
==================== RESTART: D:\Python\ch6\ch6_34.py ====================
D:\ch6\ch6_36.py
D:*ch6*ch6_36.py
```

上述第 3 行 "\" 是溢出字元，所以必須用 "\\" 表示。

6-9 in 和 not in 運算式

主要是用於判斷一個物件是否屬於另一個物件，物件可以是字串 (string)、串列 (list)、元祖 (Tuple) (第 8 章介紹)、字典 (Dict) (第 9 章介紹)。它的語法格式如下：

boolean_value = obj1 in obj2   # 物件 obj1 在物件 obj2 內會傳回 True

boolean_value = obj1 not in obj2   # 物件 obj1 不在物件 obj2 內會傳回 True

程式實例 ch6_35.py：請輸入字元，這個程式會判斷字元是否在字串內。

```
1  # ch6_35.py
2  password = 'deepstone'
3  ch = input("請輸入字元 = ")
4  print("in運算式")
5  if ch in password:
6      print("輸入字元在密碼中")
7  else:
8      print("輸入字元不在密碼中")
9
10 print("not in運算式")
11 if ch not in password:
12     print("輸入字元不在密碼中")
13 else:
14     print("輸入字元在密碼中")
```

執行結果

```
==================== RESTART: D:\Python\ch6\ch6_35.py ====================
請輸入字元 = d
in運算式
輸入字元在密碼中
not in運算式
輸入字元在密碼中
```

其實這個功能一般更常見是用在，偵測某筆元素是否存在串列中，如果不存在，則將它加入串列內，可參考下列實例。

程式實例 ch6_36.py：這個程式基本上會要求輸入一個水果，如果串列內目前沒有這個水果，就將輸入的水果加入串列內。

```
1  # ch6_36.py
2  fruits = ['apple', 'banana', 'watermelon']
3  fruit = input("請輸入水果 = ")
4  if fruit in fruits:
5      print("這個水果已經有了")
6  else:
7      fruits.append(fruit)
8      print("謝謝提醒已經加入水果清單: ", fruits)
```

執行結果

```
==================== RESTART: D:\Python\ch6\ch6_36.py ====================
請輸入水果 = orange
謝謝提醒已經加入水果清單:  ['apple', 'banana', 'watermelon', 'orange']
>>>
==================== RESTART: D:\Python\ch6\ch6_36.py ====================
請輸入水果 = apple
這個水果已經有了
```

6-10　專題設計

6-10-1　使用者帳號管理系統

　　一個公司或學校的電腦系統，一定有一個帳號管理，要進入系統需要登入帳號，如果你是這個單位設計帳號管理系統的人，可以將帳號儲存在串列內。然後未來可以使用 in 功能判斷使用者輸入帳號是否正確。

程式實例 ch6_37.py：設計一個帳號管理系統，這個程式分成 2 個部分，第一個部分是建立帳號，讀者的輸入將會存在 accounts 串列。第 2 個部分是要求輸入帳號，如果輸入正確會輸出 " 歡迎進入深石系統 "，如果輸入錯誤會輸出 " 帳號錯誤 "。

```
1  # ch6_37.py
2  accounts = []                        # 建立空帳號串列
3  account = input("請輸入新帳號 = ")
4  accounts.append(account)             # 將輸入加入帳號串列
5
6  print("深石公司系統")
7  ac = input("請輸入帳號 = ")
8  if ac in accounts:
9      print("歡迎進入深石系統")
10 else:
11     print("帳號錯誤")
```

執行結果

```
===================== RESTART: D:\Python\ch6\ch6_37.py =====================
請輸入新帳號 = deep
深石公司系統
請輸入帳號 = deep
歡迎進入深石系統
>>>
===================== RESTART: D:\Python\ch6\ch6_37.py =====================
請輸入新帳號 = deep
深石公司系統
請輸入帳號 = kwei
帳號錯誤
```

6-10-2　凱薩密碼

　　公元前約 50 年凱薩被公認發明了凱薩密碼，主要是防止部隊傳送的資訊遭到敵方讀取。

　　凱薩密碼的加密觀念是將每個英文字母往後移，對應至不同字母，只要記住所對應的字母，未來就可以解密。例如：將每個英文字母往後移 3 個次序，實例是將 A 對應 D、B 對應 E、C 對應 F，原先的 X 對應 A、Y 對應 B、Z 對應 C 整個觀念如下所示：

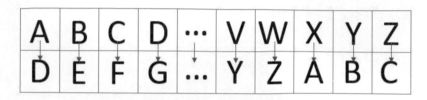

所以現在我們需要的就是設計 " ABC … XYZ" 字母可以對應 " DEF … ABC"，可以參考下列實例完成。

實例 1：建立 ABC … Z 字母的字串，然後使用切片取得前 3 個英文字母，與後 23 個英文字母。最後組合，可以得到新的字母排序。

```
>>> abc = 'ABCDEFGHIJKLMNOPQRSTUVWYZ'
>>> front3 = abc[:3]
>>> end23 = abc[3:]
>>> subText = end23 + front3
>>> print(subText)
DEFGHIJKLMNOPQRSTUVWYZABC
```

在第 9 章筆者還會擴充此觀念。

6-10-3　製作大型的串列資料

有時我們想要製作更大型的串列資料結構，例如：串列的元素是串列，可以參考下列實例。

實例 1：串列的元素是串列。

```
>>> asia = ['Beijing', 'Hongkong', 'Tokyo']
>>> usa = ['Chicago', 'New York', 'Hawaii', 'Los Angeles']
>>> europe = ['Paris', 'London', 'Zurich']
>>> world = [asia, usa, europe]
>>> type(world)
<class 'list'>
>>> world
[['Beijing', 'Hongkong', 'Tokyo'], ['Chicago', 'New York', 'Hawaii', 'Los Angele
s'], ['Paris', 'London', 'Zurich']]
```

習題實作題

1： 一家汽車經銷商原本可以銷售 Toyota、Nissan、Honda，現在 Nissan 銷售權被回收，改成銷售 Ford，可用下列方式設計銷售品牌。(6-1 節)

```
================= RESTART: D:/Python/ex/ex6_1.py =================
舊汽車銷售品牌 ['Toyota', 'Nissan', 'Honda']
新汽車銷售品牌 ['Toyota', 'Ford', 'Honda']
```

2： 有一個學生成績如下：(6-4 節)

88、65、71、84、99

請將分數由由低分往高分排列和高分往低分排列。

```
===================== RESTART: D:/Python/ex/ex6_2.py =====================
低分往高分排列
[65, 71, 84, 88, 99]
高分往低分排列
[99, 88, 84, 71, 65]
```

3： 請參考 6-6-2 節內容和 ch6_24.py，將學生增加為 5 人，同時增加平均欄位，平均分數取到小數點第 1 位。(6-6 節)

```
===================== RESTART: D:/Python/ex/ex6_3.py =====================
['洪錦魁', 80, 95, 88, 263, 87.7]
['洪冰儒', 98, 97, 96, 291, 97.0]
['洪雨星', 91, 93, 95, 279, 93.0]
['洪冰雨', 92, 94, 90, 276, 92.0]
['洪星宇', 92, 97, 90, 279, 93.0]
```

4： 有一首法國兒歌，也是我們小時候唱的兩隻老虎，歌曲內容如下：(6-8 節)

Are you sleeping, are you sleeping, Brother John, Brother John?
Morning bells are ringing, morning bells are ringing.
Ding ding dong, Ding ding dong.

為了單純，請建立上述字串時省略標點符號，最後列出此字串。然後將字串轉為串列同時列出串列，首先列出歌曲的字數，然後請在螢幕輸入字串 ding，程式可以列出這個字串出現次數。

```
===================== RESTART: D:/Python/ex/ex6_4.py =====================
歌曲字串內容
Are you sleeping are you sleeping Brother John Brother John
Morning bells are ringing morning bells are ringing
Ding ding dong Ding ding dong
歌曲串列內容
['are', 'you', 'sleeping', 'are', 'you', 'sleeping', 'brother', 'john', 'brother
', 'john', 'morning', 'bells', 'are', 'ringing', 'morning', 'bells', 'are', 'rin
ging', 'ding', 'ding', 'dong', 'ding', 'ding', 'dong']
歌曲的字數 : 24
請輸入字串 : ding
ding 出現的 4 次
```

5： 輸入一個字串，這個程式可以判斷這是否是網址字串。(6-8 節)

　　提示：網址字串格式是 "http://" 或 "https://" 字串開頭。

```
===================== RESTART: D:/Python/ex/ex6_5.py =====================
請輸入網址 ： ht://www.deepmind.com
網址格式錯誤
```

6： 請建立一個晚會宴客名單，有 3 筆資料 "Mary、Josh、Tracy"。請做一個選單，每
　　次執行皆會列出目前邀請名單，同時有選單，如果選擇 1，可以增加一位邀請名單。
　　如果選擇 2，可以刪除一位邀請名單。以目前所學指令，執行程式一次只能調整一
　　次，如果刪除名單時輸入錯誤，則列出名單輸入錯誤。(6-9 節)

```
===================== RESTART: D:/Python/ex/ex6_6.py =====================
目前宴會名單 ['Mary', 'Josh', 'Tracy']
1:增加名單
2:刪除名單
 = 1
請輸入名字 ： Kevin
新的宴會名單 ： ['Mary', 'Josh', 'Tracy', 'Kevin']
>>>
===================== RESTART: D:/Python/ex/ex6_6.py =====================
目前宴會名單 ['Mary', 'Josh', 'Tracy']
1:增加名單
2:刪除名單
 = 1
請輸入名字 ： Mary
名字已在名單
>>>
===================== RESTART: D:/Python/ex/ex6_6.py =====================
目前宴會名單 ['Mary', 'Josh', 'Tracy']
1:增加名單
2:刪除名單
 = 2
請輸入名字 ： Mary
新的宴會名單 ： ['Josh', 'Tracy']
>>>
===================== RESTART: D:/Python/ex/ex6_6.py =====================
目前宴會名單 ['Mary', 'Josh', 'Tracy']
1:增加名單
2:刪除名單
 = 2
請輸入名字 ： Tom
名單輸入錯誤
```

第七章

迴圈設計

假設現在筆者要求讀者設計一個 1 加到 10 的程式，然後列印結果，讀者可能用下列方式設計這個程式。

程式實例 ch7_1.py：從 1 加到 10，同時列印結果。

```
1  # ch7_1.py
2  sum = 1+2+3+4+5+6+7+8+9+10
3  print("總和 = ", sum)
```

執行結果

```
==================== RESTART: D:\Python\ch7\ch7_1.py ====================
總和 =  55
```

如果現在筆者要求各位從 1 加到 100 或 1000，此時，若是仍用上述方法設計程式，就顯得很不經濟。不過幸好 Python 語言提供我們解決這類問題的方式，可以輕鬆用迴圈解決，這也是本章的主題。

7-1 基本 for 迴圈

for 迴圈可以讓程式將整個物件內的元素遍歷 (也可以稱迭代)，在遍歷期間，同時可以紀錄或輸出每次遍歷的狀態或稱軌跡。例如：第 2 章的專題計算銀行複利問題，在該章節由於尚未介紹迴圈的觀念，我們無法紀錄每一年的本金和，有了本章的觀念我們可以輕易記錄每一年的本金和變化。for 迴圈基本語法格式如下：

```
for var in 可迭代物件 :            # 可迭代物件英文是 iterable object
    程式碼區塊
```

可迭代物件 (iterable object) 可以是串列、元組、字典與集合或 range( )，在資訊科學中迭代 (iteration) 可以解釋為重複執行敘述，上述語法可以解釋為將可迭代物件的元素當作 var，重複執行，直到每個元素皆被執行一次，整個迴圈才會停止。

設計上述程式碼區塊時，必須要留意縮排的問題，可以參考 if 敘述觀念。由於目前筆者只有介紹串列 (list)，所以讀者可以想像這個可迭代物件 (iterable) 是串列 (list)，第 8 章筆者會講解元組 (Tuple)，第 9 章會講解字典 (Dict)，第 10 章會講解集合 (Set)。另外，上述 for 迴圈的可迭代物件也常是 range( ) 函數產生的可迭代物件，將在 7-2 節說明。

7-1-1　for 迴圈基本運作

例如：如果一個 NBA 球隊有 5 位球員，分別是 Curry、Jordan、James、Durant、Obama，現在想列出這 5 位球員，那麼就很適合使用 for 迴圈執行這個工作。

程式實例 ch7_2.py：列出球員名稱。

```
1  # ch7_2.py
2  players = ['Curry', 'Jordan', 'James', 'Durant', 'Obama']
3  for player in players:
4      print(player)
```

執行結果
```
==================== RESTART: D:\Python\ch7\ch7_2.py ====================
Curry
Jordan
James
Durant
Obama
```

上述程式執行的觀念是，當第一次執行下列敘述時：

　　for player in players:

player 的內容是 'Curry'，然後執行 print(player)，所以會印出 'Curry'，我們也可以將此稱第一次迭代。由於串列 players 內還有其它的元素尚未執行，所以會執行第二次迭代，當執行第二次迭代下列敘述時：

　　for player in players:

player 的內容是 'Jordan'，然後執行 print(player)，所以會印出 'Jordan'。由於串列 players 內還有其它的元素尚未執行，所以會執行第三次迭代，…，當執行第五次迭代下列敘述時：

　　for player in players:

player 的內容是 'Obama'，然後執行 print(player)，所以會印出 'Obama'。第六次要執行 for 迴圈時，由於串列 players 內所有元素已經執行，所以這個迴圈就算執行結束。下列是迴圈的流程示意圖。

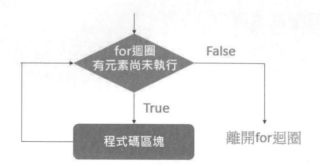

7-1-2　如果程式碼區塊只有一行

使用 for 迴圈時，如果程式碼區塊只有一行，它的語法格式可以用下列方式表達：

　　for var in 可迭代物件：程式碼區塊

程式實例 ch7_3.py：重新設計 ch7_2.py。

```
1  # ch7_3.py
2  players = ['Curry', 'Jordan', 'James', 'Durant', 'Obama']
3  for player in players:print(player)
```

執行結果：與 ch7_3.py 相同。

7-1-3　有多行的程式碼區塊

如果 for 迴圈的程式碼區塊有多行程式敘述時，要留意這些敘述同時需要做縮排處理。，它的語法格式可以用下列方式表達：

　　for var in 可迭代物件：
　　　程式碼
　　　　……

程式實例 ch7_4.py：這個程式在設計時，首先筆者將串列的元素英文名字全部改成小寫，然後 for 迴圈的程式碼區塊是有 2 行，這 2 行 (第 4 和 5 行) 皆需內縮處理，player.title( ) 的 title( ) 方法可以處理第一個字母以大寫顯示。

```
1  # ch7_4.py
2  players = ['curry', 'jordan', 'james', 'durant', 'obama']
3  for player in players:
4      print(player.title( ) + ", it was a great game.")
5      print("我迫不及待想看下一場比賽, " + player.title( ))
```

執行結果

```
==================== RESTART: D:\Python\ch7\ch7_4.py ====================
Curry, it was a great game.
我迫不及待想看下一場比賽, Curry
Jordan, it was a great game.
我迫不及待想看下一場比賽, Jordan
James, it was a great game.
我迫不及待想看下一場比賽, James
Durant, it was a great game.
我迫不及待想看下一場比賽, Durant
Obama, it was a great game.
我迫不及待想看下一場比賽, Obama
```

7-1-4 將 for 迴圈應用在資料類別的判斷

程式實例 ch7_5.py：有一個 files 串列內含一係列檔案名稱，請將 ".py" 的 Python 程式檔案另外建立到 py 串列，然後列印。

```
1  # ch7_5.py
2  files = ['da1.c','da2.py','da3.py','da4.java']
3  py = []
4  for file in files:
5      if file.endswith('.py'):      # 以.py為副檔名
6          py.append(file)           # 加入串列
7  print(py)
```

執行結果

```
==================== RESTART: D:\Python\ch7\ch7_5.py ====================
['da2.py', 'da3.py']
```

7-2 range( ) 函數

Python 可以使用 range( ) 函數產生一個等差級序列，我們又稱這等差級序列為可迭代物件 (iterable object)，也可以稱是 range 物件。由於 range( ) 是產生等差級序列，我們可以直接使用，將此等差級序列當作迴圈的計數器。

在前一小節我們使用 "for var in 可迭代物件 " 當作迴圈，這時會使用可迭代物件元素當作迴圈指標，如果是要迭代物件內的元素，這是好方法。但是如果只是要執行普通的迴圈迭代，由於可迭代物件佔用一些記憶體空間，所以這類迴圈需要用較多系統資源。這時我們應該直接使用 range( ) 物件，這類迭代只有迭代時的計數指標需要記憶體，所以可以省略記憶體空間，range( ) 的用法與串列的切片 (slice) 類似。

range(start, stop, step)

　　上述 stop 是唯一必須的值，等差級序列是產生 stop 的前一個值。例如：如果省略 start，所產生等差級序列範圍是從 0 至 stop-1。step 的預設是 1，所以預設等差序列是遞增 1。如果將 step 設為 2，等差序列是遞增 2。如果將 step 設為 -1，則是產生遞減的等差序列。

　　由 range( ) 產生的可迭代等差級數物件的資料類型是 range，可參考下列實例。

```
>>> x = range(3)
>>> type(x)
<class 'range'>
```

下列是列印 range( ) 物件內容。

```
>>> for x in range(3):
        print(x)


0
1
2
>>> for x in range(0,3):
        print(x)


0
1
2
```

　　上述執行迴圈迭代時，即使是執行 3 圈，但是系統不用一次預留 3 個整數空間儲存迴圈計數指標，而是每次迴圈用 1 個整數空間儲存迴圈計數指標，所以可以節省系統資源。下列是 range( ) 含 step 參數的應用，第 1 個是建立 1-10 之間的奇數序列，第 2 個是建立每次遞減 2 的序列。

```
>>> for x in range(1,10,2):
        print(x)


1
3
5
7
9
>>> for x in range(3,-3,-2):
        print(x)


3
1
-1
```

7-2-1 只有一個參數的 range( ) 函數

當 range(n) 函數搭配一個參數時：

```
range(n)              # 它將產生 0, 1, … , n-1 的可迭代物件內容
```

下列是測試 range( ) 方法。

程式實例 ch7_6.py：輸入數字，本程式會將此數字當作列印星星的數量。

```
1  # ch7_6.py
2  n = int(input("請輸入星號數量 ： "))  # 定義星號的數量
3  for number in range(n):               # for迴圈
4      print("*",end="")                 # 列印星號
```

執行結果

```
==================== RESTART: D:\Python\ch7\ch7_6.py ====================
請輸入星號數量 ： 5
*****
```

7-2-2 擴充專題銀行存款複利的軌跡

在 2-11-1 節筆者有設計了銀行複利的計算，當時由於 Python 所學語法有限所以無法看出每年本金和的變化，這一節將以實例解說。

程式實例 ch7_7.py：參考 ch2_5.py 的利率與本金，以及年份，本程式會列出每年的本金和的軌跡。

```
1  # ch7_7.py
2  money = 50000
3  rate = 0.015
4  n = 5
5  for i in range(n):
6      money *= (1 + rate)
7      print("第 %d 年本金和 ： %d" % ((i+1),int(money)))
```

執行結果

```
==================== RESTART: D:\Python\ch7\ch7_7.py ====================
第 1 年本金和 ： 50749
第 2 年本金和 ： 51511
第 3 年本金和 ： 52283
第 4 年本金和 ： 53068
第 5 年本金和 ： 53864
```

7-2-3　有 2 個參數的 range( ) 函數

當 range( ) 函數搭配 2 個參數時，它的語法格式如下：

range(start, end)　　# start 是起始值，end-1 是終止值

上述可以產生 start 起始值到 end-1 終止值之間每次遞增 1 的序列，start 或 end 可以是負整數，如果終止值小於起始值則是產生空序列或稱空 range 物件，可參考下列程式實例。

```
>>> for x in range(10,2):
        print(x)


>>>
```

下列是使用負值當作起始值。

```
>>> for x in range(-1,2):
        print(x)


-1
0
1
```

程式實例 ch7_8.py：輸入正整數值 n，這個程式會計算從 0 加到 n 之值。

```
1  # ch7_8.py
2  n = int(input("請輸入n值 : "))
3  sum = 0
4  for num in range(1,n+1):
5      sum += num
6  print("總和 = ", sum)
```

執行結果

```
==================== RESTART: D:\Python\ch7\ch7_8.py ====================
請輸入n值 : 10
總和 =  55
```

7-2-4　有 3 個參數的 range( ) 函數

當 range( ) 函數搭配 3 個參數時，它的語法格式如下：

range(start, end, step)　　　# start 是起始值，end 是終止值，step 是間隔值

然後會從起始值開始產生等差級數，每次間隔 step 時產生新數值元素，到 end-1 為止，下列是產生 2-11 間的偶數。

```
>>> for x in range(2,11,2):
        print(x)


2
4
6
8
10
```

此外，step 值也可以是負值，此時起始值必須大於終止值。

```
>>> for x in range(10,0,-2):
        print(x)


10
8
6
4
2
```

程式實例 ch7_9.py：使用 range( ) 函數搭配 3 個參數，產生串列的應用。

```
1   # ch7_9.py
2   start = 2
3   end = 9
4   step = 2
5   number1 = list(range(start, end, step))
6   print("start=%2d, end=%2d, step=%2d的串列 = " % (start, end, step), number1)
7   start = -2
8   end = 9
9   step = 3
10  number2 = list(range(start, end, step))
11  print("start=%2d, end=%2d, step=%2d的串列 = " % (start, end, step), number2)
12  start = 5
13  end = -5
14  step = -3
15  number3 = list(range(start, end, step))
16  print("start=%2d, end=%2d, step=%2d的串列 = " % (start, end, step), number3)
```

執行結果

```
==================== RESTART: D:\Python\ch7\ch7_9.py ====================
start= 2, end= 9, step= 2的串列 =  [2, 4, 6, 8]
start=-2, end= 9, step= 3的串列 =  [-2, 1, 4, 7]
start= 5, end=-5, step=-3的串列 =  [5, 2, -1, -4]
```

7-2-5　一般應用

程式實例 ch7_10.py：建立一個整數平方的串列，為了避免數值太大，若是輸入大於 10，此大於 10 的數值將被設為 10。

```
1  # ch7_10.py
2  squares = []                        # 建立空串列
3  n = int(input("請輸入整數:"))
4  if n > 10 : n = 10                   # 最大值是10
5  for num in range(1, n+1):
6      value = num * num               # 元素平方
7      squares.append(value)           # 加入串列
8  print(squares)
```

執行結果

```
================= RESTART: D:\Python\ch7\ch7_10.py =================
請輸入整數:12
[1, 4, 9, 16, 25, 36, 49, 64, 81, 100]
>>>
================= RESTART: D:\Python\ch7\ch7_10.py =================
請輸入整數:10
[1, 4, 9, 16, 25, 36, 49, 64, 81, 100]
>>>
================= RESTART: D:\Python\ch7\ch7_10.py =================
請輸入整數:5
[1, 4, 9, 16, 25]
```

對於上述程式而言，我們也可以使用 "**" 代替乘方運算，同時第 6 和 7 行使用更精簡設計方式。

程式實例 ch7_11.py：使用 for 迴圈輸出有趣的圖案。

```
1  # ch7_11.py
2  h = eval(input('請輸入星形高度 : '))
3  for i in range(h):
4      print(' '*(h-i-1)+'*'*(2*i+1))
```

執行結果

```
================= RESTART: D:\Python\ch7\ch7_11.py =================
請輸入星形高度 : 3
  *
 ***
*****
>>>
================= RESTART: D:\Python\ch7\ch7_11.py =================
請輸入星形高度 : 5
    *
   ***
  *****
 *******
*********
```

7-3 進階的 for 迴圈應用

7-3-1 巢狀 for 迴圈

一個迴圈內有另一個迴圈，我們稱這是巢狀迴圈。如果外層迴圈要執行 n 次，內層迴圈要執行 m 次，則整個迴圈執行的次數是 n*m 次，設計這類迴圈時要特別注意下列事項：

❑ 外層迴圈的索引值變數與內層迴圈的索引值變數不要相同，以免混淆。

❑ 程式碼的內縮一定要保持。

下列是巢狀迴圈基本語法：

for var1 in 可迭代物件：　　　　　　　# 外層 for 迴圈

   ...

    for var2 in 可迭代物件：　　　　# 內層 for 迴圈

      ....

程式實例 ch7_12.py：列印 9*9 的乘法表。

```
1  # ch7_12.py
2  for i in range(1, 10):
3      for j in range(1, 10):
4          result = i * j
5          print("%d*%d=%-3d" % (i, j, result), end=" ")
6      print()          # 換行輸出
```

執行結果

```
==================== RESTART: D:/Python/ch7/ch7_12.py ====================
1*1=1    1*2=2    1*3=3    1*4=4    1*5=5    1*6=6    1*7=7    1*8=8    1*9=9
2*1=2    2*2=4    2*3=6    2*4=8    2*5=10   2*6=12   2*7=14   2*8=16   2*9=18
3*1=3    3*2=6    3*3=9    3*4=12   3*5=15   3*6=18   3*7=21   3*8=24   3*9=27
4*1=4    4*2=8    4*3=12   4*4=16   4*5=20   4*6=24   4*7=28   4*8=32   4*9=36
5*1=5    5*2=10   5*3=15   5*4=20   5*5=25   5*6=30   5*7=35   5*8=40   5*9=45
6*1=6    6*2=12   6*3=18   6*4=24   6*5=30   6*6=36   6*7=42   6*8=48   6*9=54
7*1=7    7*2=14   7*3=21   7*4=28   7*5=35   7*6=42   7*7=49   7*8=56   7*9=63
8*1=8    8*2=16   8*3=24   8*4=32   8*5=40   8*6=48   8*7=56   8*8=64   8*9=72
9*1=9    9*2=18   9*3=27   9*4=36   9*5=45   9*6=54   9*7=63   9*8=72   9*9=81
```

上述程式第 5 行，%-3d 主要是供 result 使用，表示每一個輸出預留 3 格，同時靠左輸出。同一行 end=" " 則是設定，輸出完空一格，下次輸出不換行輸出。當內層迴圈執行完一次，則執行第 6 行，這是外層迴圈敘述，主要是設定下次換行輸出，相當於下次再執行內層迴圈時換行輸出。

7-3-2　強制離開 for 迴圈 - break 指令

在設計 for 迴圈時，如果期待某些條件發生時可以離開迴圈，可以在迴圈內執行 break 指令，即可立即離開迴圈，這個指令通常是和 if 敘述配合使用。下列是常用的語法格式：

```
for var in 可迭代物件：
    程式碼區塊 1
    if 條件運算式：              # 判斷條件運算式
        程式碼區塊 2
        break                   # 如果條件運算式是 True 則離開 for 迴圈
    程式碼區塊 3
```

下列是流程圖，其中在 for 迴圈內的 if 條件判斷，也許前方有程式碼區塊 1、if 條件內有程式碼區塊 2 或是後方有程式碼區塊 3，只要 if 條件判斷是 True，則執行 if 條件內的程式碼區塊 2 後，可立即離開迴圈。

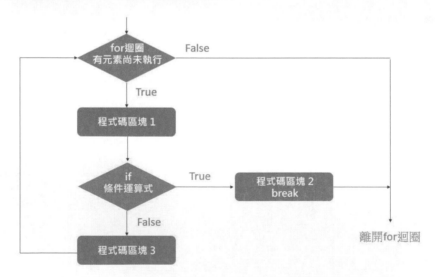

例如：如果你設計一個比賽，可以將參加比賽者的成績列在串列內，如果想列出前 20 名參加決賽，可以設定 for 迴圈當選取 20 名後，即離開迴圈，此時就可以使用 break 功能。

程式實例 ch7_13.py：一個串列 scores 內含有 10 個分數元素，請列出最高分的前 5 個成績。

```
1  # ch7_13.py
2  scores = [94, 82, 60, 91, 88, 79, 61, 93, 99, 77]
3  scores.sort(reverse = True)          # 從大到小排列
4  count = 0
5  for sc in scores:
6      count += 1
7      print(sc, end=" ")
8      if count == 5:                    # 取前5名成績
9          break                         # 離開for迴圈
```

執行結果
```
==================== RESTART: D:\Python\ch7\ch7_13.py ====================
99 94 93 91 88
```

7-3-3 for 迴圈暫時停止不往下執行 – continue 指令

在設計 for 迴圈時，如果期待某些條件發生時可以不往下執行迴圈內容，此時可以用 continue 指令，這個指令通常是和 if 敘述配合使用。下列是常用的語法格式：

for var in 可迭代物件：
　　程式碼區塊 1
　　if 條件運算式：　　# 如果條件運算式是 True 則不執行程式碼區塊 3
　　　　程式碼區塊 2
　　　　continue
　　程式碼區塊 3

下列是流程圖，相當於如果發生 if 條件判斷是 True 時，則不執行程式碼區塊 3 內容。

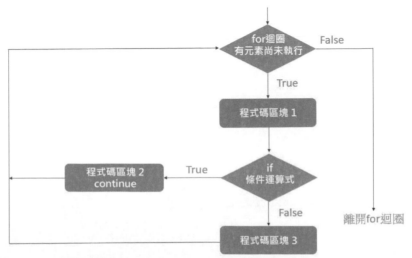

程式實例 ch7_14.py：有一個串列 scores 紀錄 James 的比賽得分，設計一個程式可以列出 James 有多少場次得分大於或等於 30 分。

```
1  # ch7_14.py
2  scores = [33, 22, 41, 25, 39, 43, 27, 38, 40]
3  games = 0
4  for score in scores:
5      if score < 30:              # 小於30則不往下執行
6          continue
7      games += 1                  # 場次加1
8  print("有%d場得分超過30分" % games)
```

執行結果

```
=============== RESTART: D:\Python\ch7\ch7_14.py ===============
有6場得分超過30分
```

7-4 while 迴圈

　　這也是一個迴圈，基本上迴圈會一直執行直到條件運算為 False 才會離開迴圈，所以設計 while 迴圈時一定要設計一個條件可以離開迴圈，相當於讓迴圈結束。程式設計時，如果忘了設計條件可以離開迴圈，程式造成無限迴圈狀態，此時可以同時按 Ctrl+C，中斷程式的執行離開無限迴圈的陷阱。

　　一般 while 迴圈使用的語意上是條件控制迴圈，在符合特定條件下執行。for 迴圈則是算一種計數迴圈，會重複執行特定次數。

　　while 條件運算：
　　　　程式碼區塊

　　下列是 while 迴圈語法流程圖。

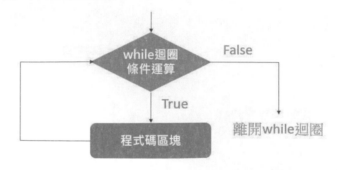

註　7-3-2 節 break 和 7-3-3 節 continue 的觀念也可以應用在 while 迴圈。

7-4-1　基本 while 迴圈

程式實例 ch7_15.py：人機對話程式設計，這個程式會輸出你所輸入的內容，當輸入 q 時，程式才會執行結束。

```
1   # ch7_15.py
2   msg1 = '人機對話專欄,告訴我心事吧,我會重複你告訴我的心事!'
3   msg2 = '輸入 q 可以結束對話'
4   msg = msg1 + '\n' + msg2 + '\n' + '= '
5   input_msg = ''                    # 預設為空字串
6   while input_msg != 'q':
7       input_msg = input(msg)
8       if input_msg != 'q':          # 如果輸入不是q才輸出訊息
9           print(input_msg)
```

執行結果

```
================= RESTART: D:\Python\ch7\ch7_15.py =================
人機對話專欄,告訴我心事吧,我會重複你告訴我的心事!
輸入 q 可以結束對話
= Deepmind深度學習
Deepmind深度學習
人機對話專欄,告訴我心事吧,我會重複你告訴我的心事!
輸入 q 可以結束對話
= q
```

程式實例 ch7_16.py：猜數字遊戲，程式第 2 行用變數 answer 儲存欲猜的數字，程式執行時用變數 guess 儲存所猜的數字。

```
1   # ch7_16.py
2   answer = 30                    # 正確數字
3   guess = 0                     # 設定所猜數字的初始值
4   while guess != answer:
5       guess = int(input("請猜1-100間的數字 = "))
6       if guess > answer:
7           print("請猜小一點")
8       elif guess < answer:
9           print("請猜大一點")
10      else:
11          print("恭喜答對了")
```

執行結果

```
================= RESTART: D:\Python\ch7\ch7_16.py =================
請猜1-100間的數字 = 50
請猜小一點
請猜1-100間的數字 = 25
請猜大一點
請猜1-100間的數字 = 30
恭喜答對了
```

7-4-2 巢狀 while 迴圈

while 迴圈也允許巢狀迴圈，此時的語法格式如下：

```
while 條件運算：                     # 外層 while 迴圈
   …
      while 條件運算：               # 內層 while 迴圈
            …
```

下列是我們已經知道 while 迴圈會執行幾次的應用。

程式實例 ch7_17.py：使用 while 迴圈設計列印 9*9 乘法表。

```
1   # ch7_17.py
2   i = 1                       # 設定i初始值
3   while i <= 9:               # 當i大於9跳出外層迴圈
4       j = 1                   # 設定j初始值
5       while j <= 9:           # 當j大於9跳出內層迴圈
6           result = i * j
7           print("%d*%d=%-3d" % (i, j, result), end=" ")
8           j += 1             # 內層迴圈加1
9       print()                 # 換行輸出
10      i += 1                  # 外層迴圈加1
```

執行結果 與 ch7_12.py 相同。

7-5 專題設計

7-5-1 購物車設計

程式實例 ch7_18.py：簡單購物車的設計，這個程式執行時會列出所有商品，讀者可以選擇商品，如果所輸入商品在商品串列則加入購物車，如果輸入 Q 或 q 則購物結束，輸出所購買商品。

```
1   # ch7_18.py
2   store = 'DeepMind購物中心'
3   products = ['電視','冰箱','洗衣機','電扇','冷氣機']
4   cart = []                        # 購物車
5   print(store)
6   print(products,"\n")
7   while True:                      # 這是while無限迴圈
8       msg = input("請輸入購買商品(q=quit) : ")
```

```
9      if msg == 'q' or msg=='Q':
10         break
11     else:
12         if msg in products:
13             cart.append(msg)
14
15 print("今天購買商品", cart)
```

```
==================== RESTART: D:\Python\ch7\ch7_18.py ====================
DeepMind購物中心
['電視', '冰箱', '洗衣機', '電扇', '冷氣機']

請輸入購買商品(q=quit): 電視
請輸入購買商品(q=quit): 冰箱
請輸入購買商品(q=quit): q
今天購買商品 ['電視', '冰箱']
```

7-5-2　建立真實的成績系統

在 6-6-2 節筆者介紹了成績系統的計算，如下所示：

姓名	國文	英文	數學	總分
洪錦魁	80	95	88	0
洪冰儒	98	97	96	0
洪雨星	91	93	95	0
洪冰雨	92	94	90	0
洪星宇	92	97	90	0

其實更真實的成績系統應該如下所示：

座號	姓名	國文	英文	數學	總分	平均	名次
1	洪錦魁	80	95	88	0	0	0
2	洪冰儒	98	97	96	0	0	0
3	洪雨星	91	93	95	0	0	0
4	洪冰雨	92	94	90	0	0	0
5	洪星宇	92	97	90	0	0	0

在上述成績系統表格中，我們使用各科考試成績然後必須填入每個人的總分、平均、名次。要處理上述成績系統，關鍵是學會二維串列的排序，如果想針對元素內得到第 n 個元素值排序，使用方法如下：

　　　二維串列 .sort(key=lambda x:x[n])

　　上述函數方法參數有 lambda 關鍵字，讀者可以不理會直接參考輸入，即可獲得排序結果，未來介紹函數時，在 11-7 節筆者會介紹此關鍵字。

程式實例 ch7_19.py：設計真實的成績系統排序。

```
1   # ch7_19.py
2   sc = [[1, '洪錦魁', 80, 95, 88, 0, 0, 0],
3         [2, '洪冰儒', 98, 97, 96, 0, 0, 0],
4         [3, '洪雨星', 91, 93, 95, 0, 0, 0],
5         [4, '洪冰雨', 92, 94, 90, 0, 0, 0],
6         [5, '洪星宇', 92, 97, 90, 0, 0, 0],
7         ]
8   # 計算總分與平均
9   print("填入總分與平均")
10  for i in range(len(sc)):
11      sc[i][5] = sum(sc[i][2:5])                # 填入總分
12      sc[i][6] = round((sc[i][5] / 3), 1)       # 填入平均
13      print(sc[i])
14  sc.sort(key=lambda x:x[5],reverse=True)       # 依據總分高往低排序
15  # 以下填入名次
16  print("填入名次")
17  for i in range(len(sc)):                      # 填入名次
18      sc[i][7] = i + 1
19      print(sc[i])
20  # 以下依座號排序
21  sc.sort(key=lambda x:x[0])                    # 依據座號排序
22  print("最後成績單")
23  for i in range(len(sc)):
24      print(sc[i])
```

執行結果

```
==================== RESTART: D:\Python\ch7\ch7_19.py ====================
填入總分與平均
[1, '洪錦魁', 80, 95, 88, 263, 87.7, 0]
[2, '洪冰儒', 98, 97, 96, 291, 97.0, 0]
[3, '洪雨星', 91, 93, 95, 279, 93.0, 0]
[4, '洪冰雨', 92, 94, 90, 276, 92.0, 0]
[5, '洪星宇', 92, 97, 90, 279, 93.0, 0]
填入名次
[2, '洪冰儒', 98, 97, 96, 291, 97.0, 1]
[3, '洪雨星', 91, 93, 95, 279, 93.0, 2]
[5, '洪星宇', 92, 97, 90, 279, 93.0, 3]
[4, '洪冰雨', 92, 94, 90, 276, 92.0, 4]
[1, '洪錦魁', 80, 95, 88, 263, 87.7, 5]
最後成績單
[1, '洪錦魁', 80, 95, 88, 263, 87.7, 5]
[2, '洪冰儒', 98, 97, 96, 291, 97.0, 1]
[3, '洪雨星', 91, 93, 95, 279, 93.0, 2]
[4, '洪冰雨', 92, 94, 90, 276, 92.0, 4]
[5, '洪星宇', 92, 97, 90, 279, 93.0, 3]
```

很明顯洪星宇與洪雨星總分相同，但是洪星宇的座號比較後面造成名次是第 3 名，相同成績的洪雨星是第 2 名。要解決這類的問題，有 2 個方法，一是在填入名次時檢查分數是否和前一個分數相同，如果相同則採用前一個序列的名次。另一個方法是在填入名次後我們必須增加一個迴圈，檢查是否有成績總分相同，相當於每個總分與前一個總分做比較，如果與前一個總分相同，必須將名次調整與前一個元素名次相同，這將是讀者的習題。

7-5-3 計算圓週率

在第 3-5-3 節筆者有說明計算圓周率的知識，筆者使用了萊布尼茲公式，當時筆者也說明了此級數收斂速度很慢，這一節我們將用迴圈處理這類的問題。我們可以用下列公式說明萊布尼茲公式：

$$pi = 4(1 - \frac{1}{3} + \frac{1}{5} - \frac{1}{7} + \cdots + \frac{(-1)^{i+1}}{2i-1})$$

程式實例 ch7_20.py：使用萊布尼茲公式計算圓週率，這個程式會計算到 1 百萬次，同時每 10 萬次列出一次圓周率的計算結果。

```
1  # ch7_20.py
2  x = 1000000
3  pi = 0
4  for i in range(1,x+1):
5      pi += 4*((-1)**(i+1) / (2*i-1))
6      if i != 1 and i % 100000 == 0:        # 隔100000執行一次
7          print("當 i = %7d 時 PI = %20.19f" % (i, pi))
```

執行結果

```
==================== RESTART: D:/Python/ch7/ch7_20.py ====================
當 i =  100000 時 PI = 3.1415826535897197758
當 i =  200000 時 PI = 3.1415876535897617750
當 i =  300000 時 PI = 3.1415893202564642017
當 i =  400000 時 PI = 3.1415901535897439167
當 i =  500000 時 PI = 3.1415906535896920282
當 i =  600000 時 PI = 3.1415909869230147500
當 i =  700000 時 PI = 3.1415912250182609355
當 i =  800000 時 PI = 3.1415914035897172241
當 i =  900000 時 PI = 3.1415915424786509114
當 i = 1000000 時 PI = 3.1415916535897743245
```

從上述可以得到當迴圈到 40 萬次後，此圓周率才進入我們熟知的 3.14159xx。

7-5-4　職業運動員的最愛 - 質數

質數的英文是 Prime number，prime 的英文有強者的意義，所以許多有名的職業球員喜歡用質數當作背號，例如：Lebron Jame 是 23，Michael Jordan 是 23，Kevin Durant 是 7。

傳統數學質數 n 的條件是：

2 是質數。

n 不可被 2 至 n-1 的數字整除。

碰上這類問題可以使用 for … else 迴圈處理，語法如下：

```
for var in 可迭代物件：
    if 條件運算式：              # 如果條件運算式是 True 則離開 for 迴圈
        程式碼區塊 1
        break
    else:
        程式碼區塊 2            # 最後一次迴圈條件運算式是 False 則執行
```

程式實例 ch7_21.py：這個程式可以回應所輸入的數字是否質數。

```python
 1  # ch7_21.py
 2  prime = []
 3  num = int(input("請輸入大於1的整數做質數測試 = "))
 4  if num == 2:                          # 2是質數所以直接輸出
 5      prime.append(num)
 6  else:
 7      for n in range(2, num):           # 用2 .. num-1當除數測試
 8          if num % n == 0:              # 如果整除則不是質數
 9              break                     # 離開迴圈
10      else:                             # 否則是質數
11          prime.append(num)
12  if prime:
13      print("{} 是質數".format(num))
14  else:
15      print("{} 不是質數".format(num))
```

執行結果

```
==================== RESTART: D:/Python/ch7/ch7_21.py ====================
請輸入大於1的整數做質數測試 = 13
13 是質數
>>>
==================== RESTART: D:/Python/ch7/ch7_21.py ====================
請輸入大於1的整數做質數測試 = 20
20 不是質數
```

7-5-5 歐拉數 (Euler's number) -- e

數學常數 e 值，它的全名是 Euler's number，又稱歐拉數，以瑞士數學家歐拉命名，這是一個無限不循環小數，我們可以使用下列級數計算 e 值。

$$e = 1 + \frac{1}{1!} + \frac{1}{2!} + \frac{1}{3!} + \cdots + \frac{1}{i!}$$

程式實例 ch7_22.py：這個程式會計算到 i=100，同時每隔 10，列出一次計算結果。

```
1  # ch7_22.py
2  e = 1
3  val = 1
4  for i in range(1,101):
5      val = val / i
6      e += val
7      if i % 10 == 0:
8          print("當i是 %3d 時 e = %40.39f" % (i, e))
```

執行結果

```
==================== RESTART: D:/Python/ch7/ch7_22.py ====================
當i是  10 時 e = 2.718281801146384513145903838449157774448
當i是  20 時 e = 2.718281828459045534884808148490265011787
當i是  30 時 e = 2.718281828459045534884808148490265011787
當i是  40 時 e = 2.718281828459045534884808148490265011787
當i是  50 時 e = 2.718281828459045534884808148490265011787
當i是  60 時 e = 2.718281828459045534884808148490265011787
當i是  70 時 e = 2.718281828459045534884808148490265011787
當i是  80 時 e = 2.718281828459045534884808148490265011787
當i是  90 時 e = 2.718281828459045534884808148490265011787
當i是 100 時 e = 2.718281828459045534884808148490265011787
```

7-5-6 雞兔同籠 – 使用迴圈計算

程式實例 ch7_23.py：4-7-2 節筆者介紹了雞兔同籠的問題，該問題可以使用迴圈計算，我們可以先假設雞 (chicken) 有 0 隻，兔子 (rabbit) 有 35 隻，然後計算腳的數量，如果所獲得腳的數量不符合，可以每次增加 1 隻雞。

```
1  # ch7_23.py
2  chicken = 0
3  while True:
4      rabbit = 35 - chicken                  # 頭的總數
5      if 2 * chicken + 4 * rabbit == 100:    # 腳的總數
6          print('雞有 {} 隻，兔有 {} 隻'.format(chicken, rabbit))
7          break
8      chicken += 1
```

執行結果

```
==================== RESTART: D:/Python/ch7/ch7_23.py ====================
雞有 20 隻，兔有 15 隻
```

7-5-7　國王的麥粒

程式實例 ch7_24.py：古印度有一個國王很愛下棋，打片全國無敵手，昭告天下只要能打贏他，即可以協助此人完成一個願望。有一位大臣提出挑戰，結果國王真的輸了，國王也願意信守承諾，滿足此位大臣的願望。結果此位大臣提出想要麥粒：

第 1 個棋盤格子要 1 粒---- 其實相當於 2^0

第 2 個棋盤格子要 2 粒---- 其實相當於 2^1

第 3 個棋盤格子要 4 粒---- 其實相當於 2^2

第 4 個棋盤格子要 8 粒---- 其實相當於 2^3

第 5 個棋盤格子要 16 粒---- 其實相當於 2^4

……

第 64 個棋盤格子要 xx 粒---- 其實相當於 2^{63}

　　國王聽完哈哈大笑的同意了，管糧的大臣一聽大驚失色，不過也想出一個辦法，要贏棋的大臣自行到糧倉計算麥粒和運送，結果國王沒有失信天下，贏棋的大臣無法取走天文數字的所有麥粒，這個程式會計算到底這位大臣要取走多少麥粒。

```
1  # ch7_24.py
2  sum = 0
3  for i in range(64):
4      if i == 0:
5          wheat = 1
6      else:
7          wheat = 2 ** i
8      sum += wheat
9  print('麥粒總共 = {}'.format(sum))
```

執行結果

```
==================== RESTART: D:/Python/ch7/ch7_24.py ====================
麥粒總共 = 18446744073709551615
```

習題實作題

1：　有一串列內部的元素是一系列圖檔，如下所示：(7-1 節)

da1.jpg、da2.png、da3.gif、da4.gif、da5.jpg、da6.jpg、da7.gif

請將 ".jpg"、".png"、".gif" 分別放置在 jpg、png、gif 串列，然後列印這些串列。

```
==================== RESTART: D:\Python\ex\ex7_1.py ====================
jpg檔案串列 ['da1.jpg', 'da5.jpg', 'da6.jpg']
png檔案串列 ['da2.png']
gif檔案串列 ['da3.gif', 'da4.gif', 'da7.gif']
```

2 : 擴充程式 ch7_7.py，請將本金、年利率與存款年數從螢幕輸入。(7-2 節)

```
==================== RESTART: D:\Python\ex\ex7_2.py ====================
請輸入存款本金 : 50000
請輸入年利率   : 0.015
請輸入多少年   : 5
第 1 年本金和 : 50749
第 2 年本金和 : 51511
第 3 年本金和 : 52283
第 4 年本金和 : 53068
第 5 年本金和 : 53864
```

3 : 假設你今年體重是 50 公斤，每年可以增加 1.2 公斤，請列出未來 5 年的體重變化。
(7-2 節)

```
==================== RESTART: D:\Python\ex\ex7_3.py ====================
第 1 年體重 : 51.2
第 2 年體重 : 52.4
第 3 年體重 : 53.6
第 4 年體重 : 54.8
第 5 年體重 : 56.0
```

4 : 請使用 for 迴圈執行下列工作，請輸入 n 和 m 整數值，m 值一定大於 n 值，請列
出 n 加到 m 的結果。例如：假設輸入 n 值是 1，m 值是 100，則程式必須列出 1
加到 100 的結果是 5050。(7-2 節)

```
==================== RESTART: D:\Python\ex\ex7_4.py ====================
請輸入n值 : 10
請輸入m值 : 25
結果 =  280
```

5 : 有一個串列 players，這個串列的元素也是串列，包含球員名字和身高資料，
['James', 202]、['Curry', 193]、['Durant', 205]、['Joradn', 199]、['David', 211]，列
出所有身高是 200(含) 公分以上的球員資料。(7-3 節)

```
==================== RESTART: D:\Python\ex\ex7_5.py ====================
['James', 202]
['Durant', 205]
['David', 211]
```

6 : 設計程式可以得到下列結果。(7-3 節)

```
==================== RESTART: D:\Python\ex\ex7_6.py ====================
1
12
123
1234
12345
123456
1234567
12345678
123456789
```

7 : 擴充 ch7_16.py，增加列出所猜次數。(7-4 節)

```
===================== RESTART: D:\Python\ex\ex7_7.py =====================
請猜1-100間的數字 = 50
請猜小一點
請猜1-100間的數字 = 25
請猜大一點
請猜1-100間的數字 = 30
恭喜答對了
共猜 3 次
```

8 : 有一個串列 buyers，此串列內含購買者和消費金額，如果購買金額超過或達到 1000 元，則歸類為 VIP 買家 vipbuyers 串列。否則是 Gold 買家 goldbuyers 串列。此程式的原始串列資料如下：(7-4 節)

```
buyers = [['James', 1030],
          ['Curry', 893],
          ['Durant', 2050],
          ['Jordan', 990],
          ['David', 2110],
          ]
```

```
===================== RESTART: D:\Python\ex\ex7_8.py =====================
VIP 買家資料 [['David', 2110], ['Durant', 2050], ['James', 1030]]
Gold買家資料 [['Jordan', 990], ['Curry', 893]]
```

9 : 請修正 7-5-2 節的成績系統，當總分相同時名次應該相同，這個作業需列出原始成績單與最後成績單。(7-5 節)

```
===================== RESTART: D:\Python\ex\ex7_9.py =====================
原始成績單
[1, '洪錦魁', 80, 95, 88, 0, 0, 0]
[2, '洪冰儒', 98, 97, 96, 0, 0, 0]
[3, '洪雨星', 91, 93, 95, 0, 0, 0]
[4, '洪冰雨', 92, 94, 90, 0, 0, 0]
[5, '洪星宇', 92, 97, 90, 0, 0, 0]
最後成績單
[1, '洪錦魁', 80, 95, 88, 263, 87.7, 5]
[2, '洪冰儒', 98, 97, 96, 291, 97.0, 1]
[3, '洪雨星', 91, 93, 95, 279, 93.0, 2]
[4, '洪冰雨', 92, 94, 90, 276, 92.0, 4]
[5, '洪星宇', 92, 97, 90, 279, 93.0, 2]
```

10 : 計算前 20 個質數，然後放在串列同時列印此串列。(7-5 節)

```
===================== RESTART: D:/Python/ex/ex7_10.py =====================
[2, 3, 5, 7, 11, 13, 17, 19, 23, 29, 31, 37, 41, 43, 47, 53, 59, 61, 67, 71]
```

第八章

元組 (Tuple)

在大型的商業或遊戲網站設計中，串列 (list) 是非常重要的資料型態，因為記錄各種等級客戶、遊戲角色 … 等，皆需要使用串列，串列資料可以隨時變動更新。Python 提供另一種資料型態稱元組 (tuple)，這種資料型態結構與串列完全相同，但是它與串列最大的差異是，它的元素值不可更改與元素個數不可更動，有時又可稱不可改變的串列，這也是本章的主題。

8-1 元組的定義

串列在定義時是將元素放在中括號內，元組的定義則時將元素放在小括號 "( )" 內，下列是元組的語法格式。

```
mytuple = ( 元素 1, … , 元素 n,)          # mytuple 是假設的元組名稱
```

基本上元組的每一筆資料稱元素，元素可以是整數、字串或串列 … 等，這些元素放在小括號 ( ) 內，彼此用逗號 "," 隔開，最右邊的元素 n 的 "," 可有可無。如果要列印元組內容，可以使用 print( ) 函數，將元組名稱當作變數名稱即可。

如果元組內的元素只有一個，在定義時需在元素右邊加上逗號 (",")。

```
mytuple = ( 元素 1,)                      # 只有一個元素的元組
mytuple = ( )                            # 空的元組
```

程式實例 ch8_1.py：定義與列印元組，最後使用 type( ) 列出元組資料型態。

```
1   # ch8_1.py
2   numbers1 = (1, 2, 3, 4, 5)        # 定義元組元素是整數
3   fruits = ('apple', 'orange')     # 定義元組元素是字串
4   mixed = ('James', 50)            # 定義元組元素是不同型態資料
5   val_tuple = (10,)                # 只有一個元素的元組
6   print(numbers1)
7   print(fruits)
8   print(mixed)
9   print(val_tuple)
10  # 列出元組資料型態
11  print("元組mixed資料型態是: ",type(mixed))
```

執行結果

```
==================== RESTART: D:\Python\ch8\ch8_1.py ====================
(1, 2, 3, 4, 5)
('apple', 'orange')
('James', 50)
(10,)
元組mixed資料型態是:  <class 'tuple'>
```

另外一個簡便建立元組有多個元素的方法是用等號，右邊有一系列元素，元素彼此用逗號隔開。

實例 1：簡便建立元組的方法。

```
>>> x = 5, 6
>>> type(x)
<class 'tuple'>
>>> x
(5, 6)
```

8-2 讀取元組元素

定義元組時是使用小括號 "( )"，如果想要讀取元組內容和串列是一樣的用中括號 "[ ]"。在 Python 中元組元素是從索引值 0 開始配置。所以如果是元組的第一筆元素，索引值是 0，第二筆元素索引值是 1，其他依此類推，如下所示：

mytuple[i]   # 讀取索引 i 的元組元素

程式實例 ch8_2.py：讀取元組元素，與一次指定多個變數值的應用。

```
1   # ch8_2.py
2   numbers1 = (1, 2, 3, 4, 5)       # 定義元組元素是整數
3   fruits = ('apple', 'orange')     # 定義元組元素是字串
4   val_tuple = (10,)                # 只有一個元素的元祖
5   print(numbers1[0])               # 以中括號索引值讀取元素內容
6   print(numbers1[4])
7   print(fruits[0])
8   print(fruits[1])
9   print(val_tuple[0])
```

執行結果

```
==================== RESTART: D:\Python\ch8\ch8_2.py ====================
1
5
apple
orange
10
```

8-3 遍歷所有元組元素

在 Python 可以使用 for 迴圈遍歷所有元組元素，用法與串列相同。

程式實例 ch8_3.py：假設元組是由字串和數值組成，這個程式會列出元組所有元素內容。

```
1   # ch8_3.py
2   keys = ('magic', 'xaab', 9099)      # 定義元組元素是字串與數字
3   for key in keys:
4       print(key)
```

執行結果
```
==================== RESTART: D:\Python\ch8\ch8_3.py ====================
magic
xaab
9099
```

8-4 修改元組內容產生錯誤的實例

本章前言筆者已經說明元組元素內容是不可更改的，下列是嘗試更改元組元素內容的錯誤實例。

程式實例 ch8_4.py：修改元組內容產生錯誤的實例。

```
1  # ch8_4.py
2  fruits = ('apple', 'orange')       # 定義元組元素是字串
3  print(fruits[0])                   # 列印元組fruits[0]
4  fruits[0] = 'watermelon'           # 將元素內容改為watermelon
5  print(fruits[0])                   # 列印元組fruits[0]
```

執行結果　下列是列出錯誤的畫面。

```
==================== RESTART: D:\Python\ch8\ch8_4.py ====================
apple
Traceback (most recent call last):
  File "D:\Python\ch8\ch8_4.py", line 4, in <module>
    fruits[0] = 'watermelon'              # 將元素內容改為watermelon
TypeError: 'tuple' object does not support item assignment
```

上述最後一行錯誤訊息 TypeError 指出 tuple 物件不支援賦值，相當於不可更改它的元素值。

8-5 可以使用全新定義方式修改元組元素

如果我們想修改元組元素，可以使用重新定義元組方式處理。

程式實例 ch8_5.py：用重新定義方式修改元組元素內容。

```
1  # ch8_5.py
2  fruits = ('apple', 'orange')       # 定義元組元素是水果
3  print("原始fruits元組元素")
4  for fruit in fruits:
5      print(fruit)
6
7  fruits = ('watermelon', 'grape')   # 定義新的元組元素
8  print("\n新的fruits元組元素")
9  for fruit in fruits:
10     print(fruit)
```

執行結果

```
==================== RESTART: D:\Python\ch8\ch8_5.py ====================
原始fruits元組元素
apple
orange

新的fruits元組元素
watermelon
grape
```

8-6 元組切片 (tuple slices)

元組切片觀念與 6-1-3 節串列切片觀念相同，下列將直接用程式實例說明。

程式實例 ch8_6.py：元組切片的應用。

```
1  # ch8_6.py
2  fruits = ('apple', 'orange', 'banana', 'watermelon', 'grape')
3  print(fruits[1:3])
4  print(fruits[:2])
5  print(fruits[1:])
6  print(fruits[-2:])
7  print(fruits[0:5:2])
```

執行結果

```
==================== RESTART: D:\Python\ch8\ch8_6.py ====================
('orange', 'banana')
('apple', 'orange')
('orange', 'banana', 'watermelon', 'grape')
('watermelon', 'grape')
('apple', 'banana', 'grape')
```

8-7 方法與函數

應用在串列上的方法或函數如果不會更改元組內容，則可以將它應用在元組，例如：len( )。如果會更改元組內容，則不可以將它應用在元組，例如：append( )、insert( ) 或 pop( )。

程式實例 ch8_7.py：列出元組元素長度 (個數)。

```
1  # ch8_7.py
2  keys = ('magic', 'xaab', 9099)      # 定義元組元素是字串與數字
3  print("keys元組長度是 %d " % len(keys))
```

執行結果

```
==================== RESTART: D:\Python\ch8\ch8_7.py ====================
keys元組長度是 3
```

8-8 串列與元組資料互換

程式設計過程，也許會有需要將串列 (list) 與元組 (tuple) 資料型態互換，可以使用下列指令。

list( )：將資料改為串列

tuple( )：將資料改為元組

程式實例 ch8_8.py：將元組改為串列的測試。

```
1  # ch8_8.py
2  keys = ('magic', 'xaab', 9099)        # 定義元組元素是字串與數字
3  list_keys = list(keys)                 # 將元組改為串列
4  list_keys.append('secret')             # 增加元素
5  print("列印元組", keys)
6  print("列印串列", list_keys)
```

執行結果
```
==================== RESTART: D:\Python\ch8\ch8_8.py ====================
列印元組 ('magic', 'xaab', 9099)
列印串列 ['magic', 'xaab', 9099, 'secret']
```

上述第 4 行由於 list_keys 已經是串列，所以可以使用 append( ) 方法。

程式實例 ch8_9.py：將串列改為元組的測試。

```
1  # ch8_9.py
2  keys = ['magic', 'xaab', 9099]        # 定義串列元素是字串與數字
3  tuple_keys = tuple(keys)               # 將串列改為元組
4  print("列印串列", keys)
5  print("列印元組", tuple_keys)
6  tuple_keys.append('secret')            # 增加元素 --- 錯誤錯誤
```

執行結果
```
==================== RESTART: D:\Python\ch8\ch8_9.py ====================
列印串列 ['magic', 'xaab', 9099]
列印元組 ('magic', 'xaab', 9099)
Traceback (most recent call last):
  File "D:\Python\ch8\ch8_9.py", line 6, in <module>
    tuple_keys.append('secret')           # 增加元素 --- 錯誤錯誤
AttributeError: 'tuple' object has no attribute 'append'
```

上述前 5 行程式是正確的，所以可以看到有分別列印串列和元組元素，程式第 6 行的錯誤是因為 tuple_keys 是元組，不支援使用 append( ) 增加元素。

8-9 其它常用的元組方法

方法	說明
max(tuple)	獲得元組內容最大值
min(tuple)	獲得元組內容最小值

程式實例 ch8_10.py：元組內建方法 max( )、min( ) 的應用。

```
1  # ch8_10.py
2  tup = (1, 3, 5, 7, 9)
3  print("tup最大值是", max(tup))
4  print("tup最小值是", min(tup))
```

執行結果
```
==================== RESTART: D:\Python\ch8\ch8_10.py ====================
tup最大值是 9
tup最小值是 1
```

8-10 元組的功能

　　讀者也許好奇，元組的資料結構與串列相同，但是元組有不可更改元素內容的限制，為何 Python 要有類似但功能卻受限的資料結構存在？原因是元組有下列優點。

❑ 可以更安全的保護資料

　　程式設計中可能會碰上有些資料是永遠不會改變的事實，將它儲存在元組 (tuple) 內，可以安全地被保護。例如：影像處理時物件的長、寬或每一像素的色彩資料，很多都是以元組為資料類型。

❑ 增加程式執行速度

　　元組 (tuple) 結構比串列 (list) 簡單，佔用較少的系統資源，程式執行時速度比較快。

　　當瞭解了上述元組的優點後，其實未來設計程式時，如果確定資料可以不更改，就儘量使用元組資料類型吧！

8-11 專題設計

8-11-1 認識元組

　　元組由於具有安全、內容不會被串竄改、資料結構單純、執行速度快等優點，所以其實被大量應用在系統程式設計師，程式設計師喜歡將設計程式所保留的資料以元組儲存。

　　在 3-5 節筆者有介紹使用 divmod( ) 函數，我們知道這個函數的傳回值是商和餘數，當時筆者用下列公式表達這個函數的用法。

　　　　商, 餘數 = divmod(被除數 , 除數)　　　　　# 函數方法

更嚴格說，divmod( ) 的傳回值是元組，所以我們可以使用元組方式取得商和餘數。

程式實例 ch8_11.py：使用元組觀念重新設計 ch3_15.py，計算地球到月球的時間。

```
1  # ch8_11.py
2  dist = 384400              # 地球到月亮距離
3  speed = 1225               # 馬赫速度每小時1225公里
4  total_hours = dist // speed  # 計算小時數

5  data = divmod(total_hours, 24)  # 商和餘數
6  print("divmod傳回的資料型態是 : ", type(data))
7  print("總供需要 %d 天" % data[0])
8  print("%d 小時" % data[1])
```

執行結果
```
=================== RESTART: D:\Python\ch8\ch8_11.py ===================
divmod傳回的資料型態是 :  <class 'tuple'>
總供需要 13 天
1 小時
```

從上述第 6 行的執行結果可以看到傳回值資料型態是元組 tuple。若是我們再看 divmod( ) 函數公式，可以得到第一個參數 " 商 " 相當於是索引 0 的元素，第二個參數 " 餘數 " 相當於是索引 1 的元素。

8-11-2　使用 zip( ) 打包 (pack) 多個物件

這是一個內建函數，參數內容主要是 2 個或更多個可迭代 (iterable) 的物件，觀念如下：

zipData = zip(物件 1, 物件 2, …)　　# 物件是可迭代物件，例如：串列或元組

如果有存在多個物件 (例如：串列或元組)，可以用 zip( ) 將多個物件打包 (pack) 成 zip 物件，然後未來視需要將此 zip 物件轉成串列或元組或其它物件。不過讀者要知道，這時物件的元素將是元組。

程式實例 ch8_12.py：zip( ) 打包物件的應用。

```
1  # ch8_12.py
2  fields = ['台北', '台中', '高雄']
3  info = [80000, 50000, 60000]
4  zipData = zip(fields, info)            # 執行zip
5  print('zipData資料類型', type(zipData))   # 列印zip資料類型
6  player = list(zipData)                 # 將zip資料轉成串列
7  print('player 資料類型', type(player))    # 列印player資料類型
8  print(player)                          # 列印串列
```

執行結果

```
==================== RESTART: D:/Python/ch8/ch8_12.py ====================
zipData資料類型 <class 'zip'>
player 資料類型 <class 'list'>
[('Name', 'Peter'), ('Age', '30'), ('Hometown', 'Chicago')]
```

筆者將在 9-5-3 節說明將打包觀念應用在文件加密。

8-11-3　使用 for 迴圈解包 (unpack)

所謂的解包是取得原物件內容，在 6-1-2 節筆者有簡單說明可以使用多個變數設定方式解包串列，其實也可以也可以使用 for 迴圈解包 (unpack) 串列、元組、zip 資料，… 等。

程式實例 ch8_13.py：for 迴圈解包物件的應用。

```
1  # ch8_13.py
2  fields = ['台北', '台中', '高雄']
3  info = [80000, 50000, 60000]
4  zipData = zip(fields, info)            # 執行zip
5  sold_info = list(zipData)              # 將zip資料轉成串列
6  for city, sales in sold_info:
7      print('{} 銷售金額是 {}'.format(city, sales))
```

執行結果

```
==================== RESTART: D:/Python/ch8/ch8_13.py ====================
台北 銷售金額是 80000
台中 銷售金額是 50000
高雄 銷售金額是 60000
```

習題實作題

1： 你組織了一個 Python 的讀書小組，這個小組成員有 5 個人，John、Peter、Curry、Mike、Kevin，請將這 5 個人姓名儲存在元組內，請使用 for 迴圈列印這 5 個人。(8-3 節)

```
==================== RESTART: D:\Python\ex\ex8_1.py ====================
讀書會成員
John
Peter
Curry
Mike
Kevin
```

2： 請參考第 1 題，嘗試修改 John 為 Johnnason，然後列出錯誤所得到的錯誤訊息。(8-4
節)

```
==================== RESTART: D:\Python\ex\ex8_2.py ====================
讀書會成員
John
Peter
Curry
Mike
Kevin
Traceback (most recent call last):
  File "D:\Python\ex\ex8_2.py", line 6, in <module>
    bookclub[0] = 'Johnnason'
TypeError: 'tuple' object does not support item assignment
```

3： 請使用重新設定方式，將 5 個小組成員改為 8 人，新增加的 3 人是 Mary、Tom、
Carlo，然後列印這 8 人。(8-5 節)

```
==================== RESTART: D:\Python\ex\ex8_3.py ====================
原先的讀書會成員
John
Peter
Curry
Mike
Kevin
新的讀書會成員
John
Peter
Curry
Mike
Kevin
Mary
Tom
Carlo
```

4： 有一個元組的元素有重複 tp = (1,2,3,4,5,2,3,1,4)，請建立一個新元組 newtp，此新
元組儲存相同但沒有重複的元素。提示：需用串列處理，最後轉成元組。(8-8 節)

```
==================== RESTART: D:\Python\ex\ex8_4.py ====================
新的元祖內容 : (1, 2, 3, 4, 5)
```

5： 氣象局使用元組 (tuple) 紀錄了台北過去一週的最高溫和最低溫度：(8-11 節)

最高溫度：30, 28, 29, 31, 33, 35, 32

最低溫度：20, 21, 19, 22, 23, 24, 20

請列出過去一週的最高溫、最低溫和平均溫度。

```
==================== RESTART: D:\Python\ex\ex8_5.py ====================
過去一周的最高溫度 35
過去一周的最低溫度 28
過去一周的平均溫度
25.0  24.5  24.0  26.5  28.0  29.5  26.0
```

第九章

字典 (Dict)

　　串列 (list) 與元組 (tuple) 是依序排列可稱是序列資料結構，只要知道元素的特定位置，即可使用索引觀念取得元素內容。這一章的重點是介紹字典 (dict)，它並不是依序排列的資料結構，通常可稱是非序列資料結構，所以無法使用類似串列的索引值 [n] 觀念取得元素內容。

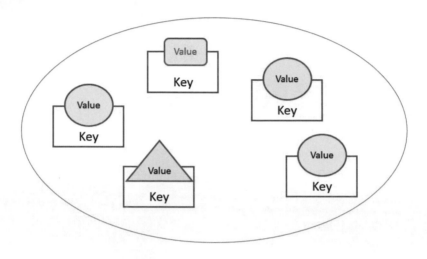

9-1 字典基本操作

9-1-1　定義字典

　　字典是一個非序列的資料結構，但是它的元素是用 " 鍵 : 值 " 方式配對儲存，在操作時是用鍵 (key) 取得值 (value) 的內容，其實在真實的應用中我們是可以將字典資料結構當作正式字典使用，查詢鍵時，就可以列出相對應的值內容，本章將穿插各種字典的實例應用。定義字典時，是將 " 鍵 : 值 " 放在大括號 "{ }" 內，字典的語法格式如下：

　　mydict = { 鍵 1: 值 1, … , 鍵 n: 值 n, }　　　　　　# mydict 是字典變數名稱

　　字典的鍵 (key) 一般常用的是字串或數字當作是鍵，在一個字典中不可有重複的鍵 (key) 出現。字典的值 (value) 可以是任何 Python 的資料物件，所以可以是數值、字串、串列 … 等。最右邊的 " 鍵 n: 值 n" 的 "," 可有可無。

程式實例 ch9_1.py：以水果行和麵店為例定義一個字典，同時列出字典。下列字典是設定水果一斤的價格、麵一碗的價格，最後使用 type( ) 列出字典資料型態。

```
1  # ch9_1.py
2  fruits = {'西瓜':15, '香蕉':20, '水蜜桃':25}
3  noodles = {'牛肉麵':100, '肉絲麵':80, '陽春麵':60}
4  print(fruits)
5  print(noodles)
6  # 列出字典資料型態
7  print("字典fruits資料型態是: ",type(fruits))
```

執行結果
```
==================== RESTART: D:\Python\ch9\ch9_1.py ====================
{'西瓜': 15, '香蕉': 20, '水蜜桃': 25}
{'牛肉麵': 100, '肉絲麵': 80, '陽春麵': 60}
字典fruits資料型態是:  <class 'dict'>
```

9-1-2 列出字典元素的值

字典的元素是 " 鍵:值 " 配對設定，如果想要取得元素的值，可以將鍵當作是索引方式處理，因此再次強調字典內的元素不可有重複的鍵，可參考下列實例 ch9_2.py 的第 4 行，例如：下列可傳回 fruits 字典水蜜桃鍵的值。

　　fruits[' 水蜜桃 ']　　　　　　　　　　# 用字典變數 [' 鍵 '] 取得值

程式實例 ch9_2.py：分別列出 ch9_1.py，水果店水蜜桃一斤的價格和麵店牛肉麵一碗的價格。

```
1  # ch9_2.py
2  fruits = {'西瓜':15, '香蕉':20, '水蜜桃':25}
3  noodles = {'牛肉麵':100, '肉絲麵':80, '陽春麵':60}
4  print("水蜜桃一斤 = ", fruits['水蜜桃'], "元")
5  print("牛肉麵一碗 = ", noodles['牛肉麵'], "元")
```

執行結果
```
==================== RESTART: D:\Python\ch9\ch9_2.py ====================
水蜜桃一斤 =  25 元
牛肉麵一碗 =  100 元
```

有趣的活用 " 鍵:值 "，如果有一字典如下：

　　fruits = {0:' 西瓜 ', 1:' 香蕉 ', 2:' 水蜜桃 '}

上述字典鍵是整數時，也可以使用下列方式取得值：

　　furit[0]　　　　　　# 取得鍵是 0 的值

程式實例 ch9_3.py：有趣列出特定鍵的值。

```
1  # ch9_3.py
2  fruits = {0:'西瓜', 1:'香蕉', 2:'水蜜桃'}
3  print(fruits[0], fruits[1], fruits[2])
```

執行結果

```
==================== RESTART: D:\Python\ch9\ch9_3.py ====================
西瓜 香蕉 水蜜桃
```

9-1-3　增加字典元素

可使用下列語法格式增加字典元素：

mydict[鍵] = 值　　　　　　　# mydict 是字典變數

程式實例 ch9_4.py：建立與新增血型字典。

```
1  # ch9_4.py
2  blood = {'A':'誠實', 'B':'開朗', 'O':'自信'}
3  print('目前血型個性字典:', blood)
4  blood['AB'] = '聰明少有野心'    # 新增
5  print('最新血型個性字典:', blood)
```

執行結果

```
==================== RESTART: D:\Python\ch9\ch9_4.py ====================
目前血型個性字典: {'A': '誠實', 'B': '開朗', 'O': '自信'}
最新血型個性字典: {'A': '誠實', 'B': '開朗', 'O': '自信', 'AB': '聰明少有野心'}
```

9-1-4　更改字典元素內容

市面上的水果價格是浮動的，如果發生價格異動可以使用本節觀念更改。

程式實例 ch9_5.py：將 fruits 字典的香蕉一斤改成 12 元。

```
1  # ch9_5.py
2  fruits = {'西瓜':15, '香蕉':20, '水蜜桃':25}
3  print("舊價格香蕉一斤 = ", fruits['香蕉'], "元")
4  fruits['香蕉'] = 12
5  print("新價格香蕉一斤 = ", fruits['香蕉'], "元")
```

執行結果

```
==================== RESTART: D:\Python\ch9\ch9_5.py ====================
舊價格香蕉一斤 =  20 元
新價格香蕉一斤 =  12 元
```

9-1-5 刪除字典特定元素

如果想要刪除字典的特定元素，它的語法格式如下：

del mydict[鍵]   # 可刪除特定鍵的元素

程式實例 ch9_6.py：由於西瓜產期已過，所以商店刪除 fruits 字典的西瓜元素。

```
1  # ch9_6.py
2  fruits = {'西瓜':15, '香蕉':20, '水蜜桃':25}
3  print("舊fruits字典內容:", fruits)
4  del fruits['西瓜']
5  print("新fruits字典內容:", fruits)
```

執行結果
```
==================== RESTART: D:\Python\ch9\ch9_6.py ====================
舊fruits字典內容: {'西瓜': 15, '香蕉': 20, '水蜜桃': 25}
新fruits字典內容: {'香蕉': 20, '水蜜桃': 25}
```

9-1-6 刪除字典所有元素

Python 有提供方法 clear( ) 可以將字典的所有元素刪除，此時字典仍然存在，不過將變成空的字典。

程式實例 ch9_7.py：使用 clear( ) 方法刪除 fruits 字典的所有元素。

```
1  # ch9_7.py
2  fruits = {'西瓜':15, '香蕉':20, '水蜜桃':25}
3  print("舊fruits字典內容:", fruits)
4  fruits.clear( )
5  print("新fruits字典內容:", fruits)
```

執行結果
```
==================== RESTART: D:\Python\ch9\ch9_7.py ====================
舊fruits字典內容: {'西瓜': 15, '香蕉': 20, '水蜜桃': 25}
新fruits字典內容: {}
```

9-1-7 刪除字典

Python 也有提供 del 指令可以將整個字典刪除，字典一經刪除就不再存在。它的語法格式如下：

del mydict   # 可刪除字典 mydict

程式實例 ch9_8.py：刪除字典的測試，這個程式前 4 行是沒有任何問題，第 5 行嘗試列印已經被刪除了字典，所以產生錯誤，錯誤原因是沒有定義 fruits 字典。

```
1   # ch9_8.py
2   fruits = {'西瓜':15, '香蕉':20, '水蜜桃':25}
3   print("舊fruits字典內容:", fruits)
4   del fruits
5   print("新fruits字典內容:", fruits)        # 錯誤! 錯誤!
```

執行結果

```
==================== RESTART: D:\Python\ch9\ch9_8.py ====================
舊fruits字典內容: {'西瓜': 15, '香蕉': 20, '水蜜桃': 25}
Traceback (most recent call last):
  File "D:\Python\ch9\ch9_8.py", line 5, in <module>
    print("新fruits字典內容:", fruits)        # 錯誤! 錯誤!
NameError: name 'fruits' is not defined
```

9-1-8　建立一個空字典

在程式設計時，也允許先建立一個空字典，建立空字典的語法如下：

mydict = { }　　　　　　　　　　# mydict 是字典名稱

上述建立完成後，可以用 9-1-3 節增加字典元素的方式為空字典建立元素。

程式實例 ch9_9.py：建立一個空的季節字典，然後為這個季節字典建立元素。

```
1   # ch9_9.py
2   season = {}              # 建立空字典
3   print("空季節字典", season)
4   season['Summer'] = '夏天'
5   season['Winter'] = '冬天'
6   print("新季節字典", season)
```

執行結果

```
==================== RESTART: D:\Python\ch9\ch9_9.py ====================
空季節字典 {}
新季節字典 {'Summer': '夏天', 'Winter': '冬天'}
```

9-1-9　字典的複製

在大型程式開發過程，也許為了要保護原先字典內容，所以常會需要將字典複製，此時可以使用此方法。

new_dict = mydict.copy( )　　　　　# mydict 會被複製至 new_dict

上述所複製的字典是獨立存在新位址的字典。

程式實例 ch9_10.py：複製字典的應用，同時列出新字典所在位址，如此可以驗證新字典與舊字典是不同的字典。

```
1   # ch9_10.py
2   fruits = {'西瓜':15, '香蕉':20, '水蜜桃':25, '蘋果':18}
3   cfruits = fruits.copy( )
4   print("位址 = ", id(fruits), "  fruits元素 = ", fruits)
5   print("位址 = ", id(cfruits), "   fruits元素 = ", cfruits)
```

執行結果

```
================== RESTART: D:\Python\ch9\ch9_10.py ==================
位址 =  49433888   fruits元素 =  {'西瓜': 15, '香蕉': 20, '水蜜桃': 25, '蘋果': 18}
位址 =  54103136   fruits元素 =  {'西瓜': 15, '香蕉': 20, '水蜜桃': 25, '蘋果': 18}
```

上述 id( ) 函數可以列出字典所在電腦記憶體的位址。

9-1-10　取得字典元素數量

在串列 (list) 或元組 (tuple) 使用的方法 len( ) 也可以應用在字典，它的語法如下：

length = len(mydict)　　　　　　　# 將傳會 mydict 字典的元素數量給 length

程式實例 ch9_11.py：列出空字典和一般字典的元素數量，本程式第 4 行由於是建立空字典，所以第 7 行印出元素數量是 0。

```
1   # ch9_11.py
2   fruits = {'西瓜':15, '香蕉':20, '水蜜桃':25, '蘋果':18}
3   noodles = {'牛肉麵':100, '肉絲麵':80, '陽春麵':60}
4   empty_dict = {}
5   print("fruits字典元素數量    = ", len(fruits))
6   print("noodles字典元素數量   = ", len(noodles))
7   print("empty_dict字典元素數量 = ", len(empty_dict))
```

執行結果

```
================== RESTART: D:\Python\ch9\ch9_11.py ==================
fruits字典元素數量    =  4
noodles字典元素數量   =  3
empty_dict字典元素數量 =  0
```

9-1-11　驗證元素是否存在

可以用下列語法驗證元素是否存在。

鍵 in mydict　　　　　# 可驗證鍵元素是否存在

程式實例 ch9_12.py：這個程式會要求輸入 " 鍵 : 值 "，然後判斷此元素是否在 fruits 字典，如果不在此字典則將此 " 鍵 : 值 " 加入字典。

```
1  # ch9_12.py
2  fruits = {'西瓜':15, '香蕉':20, '水蜜桃':25}
3  key = input("請輸入鍵(key) = ")
4  value = input("請輸入值(value) = ")
5  if key in fruits:
6      print("%s已經在字典了" % key)
7  else:
8      fruits[key] = value
9      print("新的fruits字典內容 = ", fruits)
```

執行結果

```
==================== RESTART: D:\Python\ch9\ch9_12.py ====================
請輸入鍵(key) = 西瓜
請輸入值(value) = 15
西瓜已經在字典了
>>>
==================== RESTART: D:\Python\ch9\ch9_12.py ====================
請輸入鍵(key) = 蘋果
請輸入值(value) = 18
新的fruits字典內容 =  {'西瓜': 15, '香蕉': 20, '水蜜桃': 25, '蘋果': '18'}
```

程式實例 ch9_13.py：輸入血型，本程式會輸出此血型的個性，如果輸入血型不在字典內，也許是輸入錯誤或字典內容不齊全則列出輸入錯誤。

```
1  # ch9_13.py
2  blood = {'A':'誠實','B':'開朗','O':'自信','AB':'聰明少有野心'}
3  key = input("請輸入血型 : ")
4  if key in blood:
5      print(blood[key])
6  else:
7      print('輸入錯誤')
```

執行結果

```
==================== RESTART: D:\Python\ch9\ch9_13.py ====================
請輸入血型 : AB
聰明少有野心
>>>
==================== RESTART: D:\Python\ch9\ch9_13.py ====================
請輸入血型 : Y
輸入錯誤
```

9-1-12　設計字典的可讀性技巧

設計大型程式的實務上，字典的元素內容很可能是由長字串所組成，碰上這類情況建議從新的一行開始安置每一個元素，如此可以大大增加字典內容的可讀性。例如，有一個 players 字典，元素是由鍵 (球員名字)- 值 (球隊名稱) 所組成。如果，我們使

用傳統方式設計,將讓整個字典定義變得很複雜,如下所:

```
players = {'Stephen Curry':'Golden State Warriors','Kevin Durant':'Golden State Warriors'.
'Lebron James':'Cleveland Cavaliers','James Harden':'Houston Rockets','Paul Gasol':'San Antonio Spurs'}
```

碰上這類字典,建議是使用符合 PEP 8 的 Python 風格設計,每一行定義一筆元素,如下所示:

```
players = {'Stephen Curry':'Golden State Warriors',
           'Kevin Durant':'Golden State Warriors',
           'Lebron James':'Cleveland Cavaliers',
           'James Harden':'Houston Rockets',
           'Paul Gasol':'San Antonio Spurs'
          }
```

程式實例 ch9_14.py:字典元素是長字串的應用。

```
1   # ch9_14.py
2   players = {'Stephen Curry':'Golden State Warriors',
3              'Kevin Durant':'Golden State Warriors',
4              'Lebron James':'Cleveland Cavaliers',
5              'James Harden':'Houston Rockets',
6              'Paul Gasol':'San Antonio Spurs'
7             }
8   print("Stephen Curry是 %s 的球員" % players['Stephen Curry'])
9   print("Kevin Durant是 %s 的球員" % players['Kevin Durant'])
10  print("Paul Gasol是 %s 的球員" % players['Paul Gasol'])
```

執行結果

```
==================== RESTART: D:\Python\ch9\ch9_14.py ====================
Stephen Curry是 Golden State Warriors 的球員
Kevin Durant是 Golden State Warriors 的球員
Paul Gasol是 San Antonio Spurs 的球員
```

9-2 遍歷字典

大型程式設計中,字典用久了會產生相當數量的元素,也許是幾千筆或幾十萬筆 … 或更多。本節將說明如何遍歷字典的 " 鍵:值 " 對或是單獨遍歷鍵或值。

字典名稱 .items( )　　　　　　　　# 取得鍵:值元組,9-2-1 節
字典名稱 .keys( )　　　　　　　　# 取得鍵,9-2-2 節
字典名稱 .values( )　　　　　　　# 取得值,9-2-4 節

9-2-1　遍歷字典的鍵 - 值

Python 有提供方法 items( )，可以讓我們取得字典 " 鍵：值 " 配對的元素，若是以下列實例的 players 字典為實例，可以使用 for 迴圈加上 items( ) 方法，如下所示：

上述只要尚未完成遍歷字典，for 迴圈將持續進行，如此就可以完成遍歷字典，同時傳回所有的 " 鍵 : 值 "。

程式實例 ch9_15.py：列出 players 字典所有元素，相當於所有球員資料。

```
1   # ch9_15.py
2   players = {'Stephen Curry':'Golden State Warriors',
3              'Kevin Durant':'Golden State Warriors',
4              'Lebron James':'Cleveland Cavaliers',
5              'James Harden':'Houston Rockets',
6              'Paul Gasol':'San Antonio Spurs'
7             }
8   for name, team in players.items( ):
9       print("姓名: ", name)
10      print("隊名: ", team, end='\n\n')
```

執行結果

```
===================== RESTART: D:\Python\ch9\ch9_15.py =====================
姓名:  Stephen Curry
隊名:  Golden State Warriors

姓名:  Kevin Durant
隊名:  Golden State Warriors

姓名:  Lebron James
隊名:  Cleveland Cavaliers

姓名:  James Harden
隊名:  Houston Rockets

姓名:  Paul Gasol
隊名:  San Antonio Spurs
```

上述實例的執行結果雖然元素出現順序與程式第 2 行到第 6 行的順序相同，不過讀者需了解在 Python 的直譯器並不保證未來一定會保持相同順序，因為字典 (dict) 是一個無序的資料結構，Python 只會保持 " 鍵 : 值 " 不會關注元素的排列順序。

9-2-2 遍歷字典的鍵

有時候我們不想要取得字典的值 (value)，只想要鍵 (keys)，Python 有提供方法 keys( )，可以讓我們取得字典的鍵內容，若是以 ch9_16.py 的 players 字典為實例，可以使用 for 迴圈加上 keys( ) 方法，如下所示：

```
for name in players.keys( ):
    print("姓名: ", name)
```

上述 for 迴圈會依次將 players 字典的鍵傳回。

程式實例 ch9_16.py：列出 players 字典所有的鍵 (keys)，此例是所有球員名字。

```
1  # ch9_16.py
2  players = {'Stephen Curry':'Golden State Warriors',
3             'Kevin Durant':'Golden State Warriors',
4             'Lebron James':'Cleveland Cavaliers',
5             'James Harden':'Houston Rockets',
6             'Paul Gasol':'San Antonio Spurs'
7            }
8  for name in players.keys( ):
9      print("姓名: ", name)
```

執行結果

```
==================== RESTART: D:\Python\ch9\ch9_16.py ====================
姓名:  Stephen Curry
姓名:  Kevin Durant
姓名:  Lebron James
姓名:  James Harden
姓名:  Paul Gasol
```

9-2-3 依鍵排序與遍歷字典

Python 的字典功能並不會處理排序，如果想要遍歷字典同時列出排序結果，可以使用方法 sorted( )。

程式實例 ch9_17.py：將名字以排序方式列出結果，這個程式的重點是第 8 行。

```
1  # ch9_17.py
2  players = {'Stephen Curry':'Golden State Warriors',
3             'Kevin Durant':'Golden State Warriors',
4             'Lebron James':'Cleveland Cavaliers',
5             'James Harden':'Houston Rockets',
6             'Paul Gasol':'San Antonio Spurs'
7            }
8  for name in sorted(players.keys( )):
9      print(name)
10     print("Hi! %s 我喜歡看你在 %s 的表現" % (name, players[name]))
```

執行結果
```
================== RESTART: D:\Python\ch9\ch9_17.py ==================
James Harden
Hi! James Harden 我喜歡看你在 Houston Rockets 的表現
Kevin Durant
Hi! Kevin Durant 我喜歡看你在 Golden State Warriors 的表現
Lebron James
Hi! Lebron James 我喜歡看你在 Cleveland Cavaliers 的表現
Paul Gasol
Hi! Paul Gasol 我喜歡看你在 San Antonio Spurs 的表現
Stephen Curry
Hi! Stephen Curry 我喜歡看你在 Golden State Warriors 的表現
```

如果要執行反向排序，需在 sorted( ) 函數內增加 reverse=True 參數，讀者可參考本書所附的 ch9_18.py，將第 8 行改為下列。

```
8   for name in sorted(players.keys( ),reverse=True):
```

9-2-4 遍歷字典的值

Python 有提供方法 values( )，可以讓我們取得字典值列表，若是以 ch9_14.py 的 players 字典為實例，可以使用 for 迴圈加上 values( ) 方法，如下所示：

程式實例 ch9_19.py：列出 players 字典的值列表。

```
1   # ch9_19.py
2   players = {'Stephen Curry':'Golden State Warriors',
3             'Kevin Durant':'Golden State Warriors',
4             'Lebron James':'Cleveland Cavaliers',
5             'James Harden':'Houston Rockets',
6             'Paul Gasol':'San Antonio Spurs'
7             }
8   for team in players.values( ):
9       print(team)
```

執行結果
```
================== RESTART: D:\Python\ch9\ch9_19.py ==================
Golden State Warriors
Golden State Warriors
Cleveland Cavaliers
Houston Rockets
San Antonio Spurs
```

上述 Golden State Warriors 重複出現，在字典的應用中鍵不可有重複，值是可以重複。

9-3 字典內鍵的值是串列

在 Python 的應用中也允許將串列放在字典內,這時串列將是字典某鍵的值。如果想要遍歷這類資料結構,需要使用巢狀迴圈和字典的方法 items( ),外層迴圈是取得字典的鍵,內層迴圈則是將含串列的值拆解。下列是定義 sports 字典的實例:

```
3    sports = {'Curry':['籃球', '美式足球'],
4               'Durant':['棒球'],
5               'James':['美式足球', '棒球', '籃球']}
```

上述 sports 字典內含 3 個 " 鍵 : 值 " 配對元素,其中值的部分皆是串列。程式設計時外層迴圈配合 items( ) 方法,設計如下:

```
7    for name, favorite_sport in sports.items( ):
8            print("%s 喜歡的運動是: " % name)
```

上述設計後,鍵內容會傳給 name 變數,值內容會傳給 favorite_sport 變數,所以第 8 行將可列印鍵內容。內層迴圈主要是將 favorite_sport 串列內容拆解,它的設計如下:

```
10            for sport in favorite_sport:
11                print("    ", sport)
```

上述串列內容會隨迴圈傳給 sport 變數,所以第 11 行可以列出結果。

程式實例 ch9_20.py:字典內含串列元素的應用,本程式會先定義內含字串的字典,然後再拆解列印。

```
1   # ch9_20.py
2   # 建立內含字串的字典
3   sports = {'Curry':['籃球', '美式足球'],
4              'Durant':['棒球'],
5              'James':['美式足球', '棒球', '籃球']}
6   # 列印key名字 + 字串'喜歡的運動'
7   for name, favorite_sport in sports.items( ):
8           print("%s 喜歡的運動是: " % name)
9   # 列印value,這是串列
10          for sport in favorite_sport:
11              print("    ", sport)
```

執行結果

```
==================== RESTART: D:\Python\ch9\ch9_20.py ====================
Curry 喜歡的運動是:
        籃球
        美式足球
Durant 喜歡的運動是:
        棒球
James 喜歡的運動是:
        美式足球
        棒球
        籃球
```

其實字典內鍵的值,也可以是字典,相關應用可參考程式實例 ch9_21.py。

9-4 字典常用的函數和方法

9-4-1 len( )

可以列出字典元素的個數。

程式實例 ch9_21:這個程式另一個特色是,字典內鍵的值是字典,列出字典以及字典內的字典元素的個數。

```python
1   # ch9_21.py
2   # 建立內含字典的字典
3   wechat_account = {'cshung':{
4                               'last_name':'洪',
5                               'first_name':'錦魁',
6                               'city':'台北'},
7                     'kevin':{
8                               'last_name':'鄭',
9                               'first_name':'義盟',
10                              'city':'北京'}
11                   }
12  # 列印字典元素個數
13  print("wechat_account字典元素個數       ", len(wechat_account))
14  print("wechat_account['cshung']元素個數 ", len(wechat_account['cshung']))
15  print("wechat_account['kevin']元素個數  ", len(wechat_account['kevin']))
```

執行結果

```
==================== RESTART: D:\Python\ch9\ch9_21.py ====================
wechat_account字典元素個數       2
wechat_account['cshung']元素個數  3
wechat_account['kevin']元素個數   3
```

9-4-2 get( )

搜尋字典的鍵,如果鍵存在則傳回該鍵的值,如果不存在則傳回預設值。

```
ret_value = mydict.get(key[, default=none])          # mydict 是欲搜尋的字典
```

key 是要搜尋的鍵，如果找不到 key 則傳回預設的值 (如果沒預設就傳回 None)。

程式實例 ch9_22.py：get( ) 方法的應用。

```
1  # ch9_22.py
2  fruits = {'Apple':20, 'Orange':25}
3  ret_value1 = fruits.get('Orange')
4  print("Value = ", ret_value1)
5  ret_value2 = fruits.get('Grape')
6  print("Value = ", ret_value2)
7  ret_value3 = fruits.get('Grape', 10)
8  print("Value = ", ret_value3)
```

執行結果

```
==================== RESTART: D:/Python/ch9/ch9_22.py ====================
Value =  25
Value =  None
Value =  10
```

9-4-3　setdefault( )

這個方法基本上與 get( ) 相同，不同之處在於 get( ) 方法不會改變字典內容。使用 setdefault( ) 方法時若所搜尋的鍵不在，會將 " 鍵 : 值 " 加入字典，如果有設定預設值則將鍵 : 預設值加入字典，如果沒有設定預設值則將鍵 :none 加入字典。

```
ret_value = mydict.setdefault(key[, default=none])          # mydict 是欲搜尋的字典
```

程式實例 ch9_23.py：setdefault( ) 方法，鍵在字典內的應用。

```
1  # ch9_23.py
2  # key在字典內
3  fruits = {'Apple':20, 'Orange':25}
4  ret_value = fruits.setdefault('Orange')
5  print("Value = ", ret_value)
6  print("fruits字典", fruits)
7  ret_value = fruits.setdefault('Orange',100)
8  print("Value = ", ret_value)
9  print("fruits字典", fruits)
```

執行結果

```
==================== RESTART: D:\Python\ch9\ch9_23.py ====================
Value =  25
fruits字典 {'Apple': 20, 'Orange': 25}
Value =  25
fruits字典 {'Apple': 20, 'Orange': 25}
```

程式實例 ch9_24.py：setdefault( ) 方法，鍵不在字典內的應用。

```
1   # ch9_24.py
2   person = {'name':'John'}
3   print("原先字典內容", person)
4
5   # 'age'鍵不存在
6   age = person.setdefault('age')
7   print("增加age鍵 ", person)
8   print("age = ", age)
9
10  # 'sex'鍵不存在
11  sex = person.setdefault('sex', 'Male')
12  print("增加sex鍵 ", person)
13  print("sex = ", sex)
```

執行結果

```
==================== RESTART: D:\Python\ch9\ch9_24.py ====================
原先字典內容 {'name': 'John'}
增加age鍵  {'name': 'John', 'age': None}
age =  None
增加sex鍵  {'name': 'John', 'age': None, 'sex': 'Male'}
sex =  Male
```

9-5 專題實作

9-5-1 記錄一篇文章每個單字的出現次數

程式實例 ch9_25.py：這個專案主要是設計一個程式，可以記錄一段英文文字，或是一篇文章所有單字以及每個單字的出現次數，這個程式會用單字當作字典的鍵 (key)，用值 (value) 當作該單字出現的次數。

```
1   # ch9_25.py
2   song = """Are you sleeping, are you sleeping, Brother John, Brother John?
3   Morning bells are ringing, morning bells are ringing.
4   Ding ding dong, Ding ding dong."""
5   mydict = {}                              # 空字典未來儲存單字計數結果
6   print("原始歌曲")
7   print(song)
8
9   # 以下是將歌曲大寫字母全部改成小寫
10  songLower = song.lower()                 # 歌曲改為小寫
11  print("小寫歌曲")
12  print(songLower)
13
14  # 將歌曲的標點符號用空字元取代
15  for ch in songLower:
```

```
16          if ch in ".,?":
17              songLower = songLower.replace(ch,'')
18  print("不再有標點符號的歌曲")
19  print(songLower)
20
21  # 將歌曲字串轉成串列
22  songList = songLower.split()
23  print("以下是歌曲串列")
24  print(songList)                      # 列印歌曲串列
25
26  # 將歌曲串列處理成字典
27  for wd in songList:
28          if wd in mydict:             # 檢查此字是否已在字典內
29              mydict[wd] += 1          # 累計出現次數
30          else:
31              mydict[wd] = 1           # 第一次出現的字建立此鍵與值
32
33  print("以下是最後執行結果")
34  print(mydict)                        # 列印字典
```

執行結果

```
==================== RESTART: D:\Python\ch9\ch9_25.py ====================
原始歌曲
Are you sleeping, are you sleeping, Brother John, Brother John?
Morning bells are ringing, morning bells are ringing.
Ding ding dong, Ding ding dong.
小寫歌曲
are you sleeping, are you sleeping, brother john, brother john?
morning bells are ringing, morning bells are ringing.
ding ding dong, ding ding dong.
不再有標點符號的歌曲
are you sleeping are you sleeping brother john brother john
morning bells are ringing morning bells are ringing
ding ding dong ding ding dong
以下是歌曲串列
['are', 'you', 'sleeping', 'are', 'you', 'sleeping', 'brother', 'john', 'brother
', 'john', 'morning', 'bells', 'are', 'ringing', 'morning', 'bells', 'are', 'rin
ging', 'ding', 'ding', 'dong', 'ding', 'ding', 'dong']
以下是最後執行結果
{'are': 4, 'you': 2, 'sleeping': 2, 'brother': 2, 'john': 2, 'morning': 2, 'bell
s': 2, 'ringing': 2, 'ding': 4, 'dong': 2}
```

上述程式其實筆者註解非常清楚，整個程式依據下列方式處理。

1：將歌曲全部改成小寫字母同時列印，可參考 10-12 行。

2：將歌曲的標點符號 ",.?" 全部改為空白同時列印，可參考 15-19 行。

3：將歌曲字串轉成串列同時列印串列，可參考 22-24 行。

4：將歌曲串列處理成字典同時計算每個單字出現次數，可參考 27-31 行。

5：最後列印字典。

9-5-2 設計星座字典

程式實例 ch9_26.py：星座字典的設計，這個程式會要求輸入星座，如果所輸入的星座正確則輸出此星座的時間區間和本月運勢，如果所輸入的星座錯誤，則輸出星座輸入錯誤。。

```python
1  # ch9_26.py
2  season = {'水瓶座':'1月20日 - 2月18日，須警惕小人',
3           '雙魚座':'2月19日 - 3月20日，凌亂中找立足',
4           '白羊座':'3月21日 - 4月19日，運勢比較低迷',
5           '金牛座':'4月20日 - 5月20日，財運較佳',
6           '雙子座':'5月21日 - 6月21日，運勢好可錦上添花',
7           '巨蟹座':'6月22日 - 7月22日，不可鬆懈大意',
8           '獅子座':'7月23日 - 8月22日，會有成就感',
9           '處女座':'8月23日 - 9月22日，會有挫折感',
10          '天秤座':'9月23日 - 10月23日，運勢給力',
11          '天蠍座':'10月24日 - 11月22日，中規中矩',
12          '射手座':'11月23日 - 12月21日，可羨煞眾人',
13          '魔羯座':'12月22日 - 1月19日，需保有謙虛',
14          }
15
16 wd = input("請輸入欲查詢的星座 : ")
17 if wd in season:
18     print(wd, " 本月運勢 : ", season[wd])
19 else:
20     print("星座輸入錯誤")
```

執行結果

```
==================== RESTART: D:/Python/ch9/ch9_26.py ====================
請輸入欲查詢的星座 : 獅子座
獅子座  本月運勢 :  7月23日 - 8月22日，會有成就感
>>>
==================== RESTART: D:/Python/ch9/ch9_26.py ====================
請輸入欲查詢的星座 : 土牛座
星座輸入錯誤
```

9-5-3 文件加密 – 凱薩密碼實作

延續 6-10-2 節的內容，在 Python 資料結構中，要執行加密可以使用字典的功能，觀念是將原始字元當作鍵 (key)，加密結果當作值 (value)，這樣就可以達到加密的目的，若是要讓字母往前移 3 個字元，相當於要建立下列字典。

encrypt = {'a':'d', 'b':'e', 'c':'f', 'd':'g', … , 'x':'a', 'y':'b', 'z':'c'}

程式實例 ch9_27.py：設計一個加密程式，使用 "python" 做測試。

```
1   # ch9_27.py
2   abc = 'abcdefghijklmnopqrstuvwxyz'
3   encry_dict = {}
4   front3 = abc[:3]
5   end23 = abc[3:]
6   subText = end23 + front3
7   encry_dict = dict(zip(abc, subText))      # 建立字典
8   print("列印編碼字典\n", encry_dict)        # 列印字典
9
10  msgTest = input("請輸入原始字串 : ")
11
12  cipher = []
13  for i in msgTest:                          # 執行每個字元加密
14      v = encry_dict[i]                      # 加密
15      cipher.append(v)                       # 加密結果
16  ciphertext = ''.join(cipher)               # 將串列轉成字串
17
18  print("原始字串 ", msgTest)
19  print("加密字串 ", ciphertext)
```

執行結果

```
================ RESTART: D:/Python/ch9/ch9_27.py ================
列印編碼字典
 {'a': 'd', 'b': 'e', 'c': 'f', 'd': 'g', 'e': 'h', 'f': 'i', 'g': 'j', 'h': 'k'
, 'i': 'l', 'j': 'm', 'k': 'n', 'l': 'o', 'm': 'p', 'n': 'q', 'o': 'r', 'p': 's'
, 'q': 't', 'r': 'u', 's': 'v', 't': 'w', 'u': 'x', 'v': 'y', 'w': 'z', 'x': 'a'
, 'y': 'b', 'z': 'c'}
請輸入原始字串 : python
原始字串  python
加密字串  sbwkrq
```

9-5-4　摩斯密碼 (Morse code)

摩斯密碼是美國人艾爾菲德‧維爾 (Alfred Vail, 1807 – 1859) 與布里斯‧摩絲 (Breese Morse, 1791 – 1872) 在 1836 年發明的，這是一種時通時斷訊號代碼，可以使用無線電訊號傳遞，透過不同的排列組合表達不同的英文子母、數字和標點符號。

其實也可以稱此為一種密碼處理方式，下列是英文字母的摩斯密碼表。

A：.-　　　　　B：-...　　　　C：-.-.　　　　D：-..　　　　E：.

F：..-.　　　　G：--.　　　　 H：....　　　　 I：..　　　　 J：.---

K：-.-　　　　 L：.-..　　　　 M：--　　　　　N：-.　　　　 O：---

P：.--.　　　　Q：--.-　　　　R：.-.　　　　　S：...　　　　T：-

U：..-　　　　 V：...-　　　　 W：.--　　　　　X：-..-　　　　Y：-.—

Z：--..

下列是阿拉伯數字的摩斯密碼表。

1：.----　　　　2：..---　　　　3：...--　　　　4：....-　　　　5：.....

6：-....　　　　7：--...　　　　8：---..　　　　9：----.　　　　10：-----

註　摩斯密碼由一個點 (–) 和一劃 (-) 組成，其中點是一個單位，劃是三個單位。程式
　　設計時，點 (–) 用 . 代替，劃 (-) 用 - 代替。

　　處理摩斯密碼可以建立字典，再做轉譯。也可以為摩斯密碼建立一個串列或元組，
直接使用英文字母 A 的 Unicode 碼值是 65 的特性，將碼值減去 65，就可以獲得此摩
斯密碼。

程式實例 ch9_28.py：使用字典建立摩斯密碼，然後輸入一個英文字，這個程式可以輸
出摩斯密碼。

```
1  # ch9_28.py
2  morse_code = {'A':'.-', 'B':'-...', 'C':'-.-.','D':'-..','E':'.',
3                'F':'..-.', 'G':'--.', 'H':'....', 'I':'..', 'J':'.---',
4                'K':'-.-', 'L':'.-..','M':'--', 'N':'-.','O':'---',
5                'P':'.--.','Q':'--.-','R':'.-.','S':'...','T':'-',
6                'U':'..-','V':'...-','W':'.--','X':'-..-','Y':'-.--',
7                'Z':'--..'}
8
9  wd = input("請輸入大寫英文字：")
10 for c in wd:
11     print(morse_code[c])
```

執行結果
```
==================== RESTART: D:/Python/ch9/ch9_28.py ====================
請輸入大寫英文字：ABC
.-
-...
-.-.
```

習題實作題

1: 請建立星期資訊的英漢字典，相當於輸入英文的星期資訊可以列出星期的中文，
如果輸入不是星期英文則列出輸入錯誤。這個程式的另一個特色是，不論輸入大
小寫均可以處理。(9-1 節)

```
==================== RESTART: D:\Python\ex\ex9_1.py ====================
請輸入星期幾的英文 : Sunday
星期天
>>>
==================== RESTART: D:\Python\ex\ex9_1.py ====================
請輸入星期幾的英文 : SUNDAY
星期天
>>>
==================== RESTART: D:\Python\ex\ex9_1.py ====================
請輸入星期幾的英文 : sunday
星期天
>>>
==================== RESTART: D:\Python\ex\ex9_1.py ====================
請輸入星期幾的英文 : March
輸入錯誤
```

2: 請建立月份資訊的漢英字典，相當於輸入中文的月份 (例如：一月) 資訊可以列出
月份的英文，如果輸入不是月份中文則列出輸入錯誤。(9-1 節)

```
==================== RESTART: D:\Python\ex\ex9_2.py ====================
請輸入月份(例如:一月) : 一月
January
>>>
==================== RESTART: D:\Python\ex\ex9_2.py ====================
請輸入月份(例如:一月) : 六月
June
>>>
==================== RESTART: D:\Python\ex\ex9_2.py ====================
請輸入月份(例如:一月) : 石月
輸入錯誤
```

3: 有一個 fruits 字典內含 5 種水果的每斤售價，Watermelon:15、Banana:20、
Pineapple:25、Orange:12、Apple:18，請先列印此 fruits 字典，再依水果名排序列
印。(9-2 節)

```
==================== RESTART: D:\Python\ex\ex9_3.py ====================
{'Watermelon': 15, 'Banana': 20, 'Pineapple': 25, 'Orange': 12, 'Apple': 18}
Apple : 18
Banana : 20
Orange : 12
Pineapple : 25
Watermelon : 15
```

4： 請參考 ch9_21.py，設計 5 個旅遊地點當鍵，值則是由字典組成，內部包含 5 個 " 鍵 : 值 "，請自行發揮創意，然後列印出來。(9-4 節)

```
================== RESTART: D:/Python/ex/ex9_4.py ==================
旅遊地點 =    張家界
省份    =    湖南省
景點    =    天門山, 大峽谷
旅遊地點 =    九寨溝
省份    =    四川省
景點    =    熊貓海, 箭竹海
旅遊地點 =    黃山
省份    =    安徽省
景點    =    天都峰, 蓬萊三島
旅遊地點 =    武夷山
省份    =    福建省
景點    =    天遊峰, 桃源洞
旅遊地點 =    敦煌
省份    =    甘肅省
景點    =    石窟, 月牙泉
```

5： 請擴充設計專題 ch9_25.py，該程式所輸出的部分可以不用再輸出，本程式會使用所建立的字典，列印出現最多的字，同時列印出現次數，可能會有多個單字出現一樣次數是最多次，必須同時列出來。(9-5 節)

```
================== RESTART: D:/Python/ex/ex9_5.py ==================
字串 are 出現最多次共出現 4 次
字串 ding 出現最多次共出現 4 次
```

6： 請重新設計 ch9_27.py，讓字母往前移 3 個字元，相當於要建立下列字典。

encrypt = {'a':'x', 'b':'y', 'c':'z', 'd':'a', … , 'z':'w'}

最後使用 "python" 做測試。

```
================== RESTART: D:/Python/ex/ex9_6.py ==================
列印編碼字典
{'d': 'a', 'e': 'b', 'f': 'c', 'g': 'd', 'h': 'e', 'i': 'f', 'j': 'g', 'k': 'h'
, 'l': 'i', 'm': 'j', 'n': 'k', 'o': 'l', 'p': 'm', 'q': 'n', 'r': 'o', 's': 'p'
, 't': 'q', 'u': 'r', 'v': 's', 'w': 't', 'x': 'u', 'y': 'v', 'z': 'w', 'a': 'x'
, 'b': 'y', 'c': 'z'}
原始字串  python
加密字串  mvqelk
```

第十章

集合 (Set)

　　集合的基本觀念是無序且每個元素是唯一的，集合元素的內容是不可變的 (immutable)，常見的元素有整數 (intger)、浮點數 (float)、字串 (string)、元組 (tuple) … 等。至於可變 (mutable) 內容串列 (list)、字典 (dict)、集合 (set) … 等不可以是集合元素。但是集合本身是可變的 (mutable)，我們可以增加或刪除集合的元素。

10-1 建立集合

　　Python 可以使用大括號 "{ }" 或 set( ) 函數建立集合，下列將分別說明。

10-1-1　使用大括號建立集合

　　Python 允許我們直接使用大括號 "{ }" 設定集合，例如：如果集合名稱是 langs，內容是 'Python'、'C'、'Java'。可以使用下列方式設定集合。

程式實例 ch10_1.py：基本集合的建立。

```
1  # ch10_1.py
2  langs = {'Python', 'C', 'Java'}
3  print("列印集合 = ", langs)
4  print("列印類別 = ", type(langs))
```

執行結果

```
==================== RESTART: D:\Python\ch10\ch10_1.py ====================
列印集合 =  {'Java', 'Python', 'C'}
列印類別 =  <class 'set'>
```

　　集合的特色是元素是唯一的，所以如果設定集合時有重複元素情形，多的部分將被捨去。

程式實例 ch10_2.py：基本集合的建立，建立時部分元素重複，觀察執行結果。

```
1  # ch10_2.py
2  langs = {'Python', 'C', 'Java', 'Python', 'C'}
3  print(langs)
```

執行結果

```
==================== RESTART: D:\Python\ch10\ch10_2.py ====================
{'Java', 'Python', 'C'}
```

　　上述 'Python' 和 'C' 在設定時皆出現 2 次，但是列出時有重複的元素將只保留 1 份。集合內容可以是由不同資料型態組成，可參考下列實例。

程式實例 ch10_3.py：使用整數和不同資料型態所建的集合。

```
1   # ch10_3.py
2   # 集合由整數所組成
3   integer_set = {1, 2, 3, 4, 5}
4   print(integer_set)
5   # 集合由不同資料型態所組成
6   mixed_set = {1, 'Python', (2, 5, 10)}
7   print(mixed_set)
8   # 集合的元素是不可變的所以程式第6行所設定的元組元素改成
9   # 第10行串列的寫法將會產生錯誤
10  # mixed_set = { 1, 'Python', [2, 5, 10]}
```

執行結果
```
==================== RESTART: D:\Python\ch10\ch10_3.py ====================
{1, 2, 3, 4, 5}
{1, (2, 5, 10), 'Python'}
```

讀者可以將第 10 行的 "#" 刪除，可以發現程式會有錯誤產生，原因是 [2, 5, 10] 是串列，這是可變的元素所以不可以當作集合元素。

讀者可能會思考，字典是用大括號定義，集合也是用大括號定義，可否直接使用空的大括號定義空集合？可參考下列實例。

```
>>> x = {}
>>> print(type(x))
<class 'dict'>
```

結果發現使用空的大括號 { } 定義，獲得的是空字典，下一小節筆者將會講解定義空集合的方法。

10-1-2　使用 set( ) 函數定義集合

除了 10-1-1 節方式建立集合，也可以使用內建的 set( ) 函數建立集合，set( ) 函數參數的內容可以是字串 (string)、串列 (list)、元組 (tuple) … 等。這時原先字串 (string)、串列 (list)、元組 (tuple) 的元素將被轉成集合元素。首先筆者回到建立空集合的主題，如果想建立空集合需使用 set( ) 函數。

程式實例 ch10_4.py：使用 set( ) 函數建立空集合。

```
1   # ch10_4.py
2   empty_dict = {}                        # 這是建立空字典
3   print("列印類別 = ", type(empty_dict))
4   empty_set = set()                      # 這是建立空集合
5   print("列印類別 = ", type(empty_set))
```

執行結果
```
==================== RESTART: D:\Python\ch10\ch10_4.py ====================
列印類別 =  <class 'dict'>
列印類別 =  <class 'set'>
```

程式實例 ch10_5.py：使用字串 (string) 建立與列印集合，同時列出集合的資料型態。

```
1  # ch10_5.py
2  x = set('DeepStone mean Deep Learning')
3  print(x)
4  print(type(x))
```

執行結果
```
==================== RESTART: D:\Python\ch10\ch10_5.py ====================
{'D', 'S', 't', ' ', 'm', 'p', 'a', 'L', 'e', 'i', 'g', 'o', 'n', 'r'}
<class 'set'>
```

　　由於集合元素具有唯一的特性，所以程式第 2 行原先字串有許多字母 (例如 : e) 重複，經過 set( ) 處理後，所有英文字母將沒有重複。

10-1-3　大數據資料與集合的應用

　　筆者的朋友在某知名企業工作，收集了海量資料使用串列保存，這裡面有些資料是重複出現，他曾經詢問筆者應如何將重複的資料刪除，筆者告知如果使用 C 語言可能需花幾小時解決，但是如果了解 Python 的集合觀念，只要花約 1 分鐘就解決了。其實只要將串列資料使用 set( ) 函數轉為集合資料，再使用 list( ) 函數將集合資料轉為串列資料就可以了。

程式實例 ch10_6.py：將串列內重複性的資料刪除。

```
1  # ch10_6.py
2  fruits1 = ['apple', 'orange', 'apple', 'banana', 'orange']
3  x = set(fruits1)              # 將串列轉成集合
4  fruits2 = list(x)             # 將集合轉成串列
5  print("原先串列資料fruits1 = ", fruits1)
6  print("新的串列資料fruits2 = ", fruits2)
```

執行結果
```
==================== RESTART: D:/Python/ch10/ch10_6.py ====================
原先串列資料fruits1 =  ['apple', 'orange', 'apple', 'banana', 'orange']
新的串列資料fruits2 =  ['apple', 'banana', 'orange']
```

10-2　集合的操作

　　下列是常見集合的操作。

Python 符號	說明
&	交集
|	聯集
-	差集
in	是成員

10-2-1　交集 (intersection)

　　有 A 和 B 兩個集合，如果想獲得相同的元素，則可以使用交集。例如：你舉辦了數學 (可想成 A 集合) 與物理 (可想成 B 集合)2 個夏令營，如果想統計有那些人同時參加這 2 個夏令營，可以使用此功能。

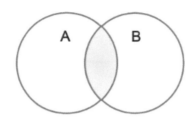

　　在 Python 語言的交集符號是 "&"。

程式實例 ch10_7.py：有數學與物理 2 個夏令營，這個程式會列出同時參加這 2 個夏令營的成員。

```
1  # ch10_7.py
2  math = {'Kevin', 'Peter', 'Eric'}        # 設定參加數學夏令營成員
3  physics = {'Peter', 'Nelson', 'Tom'}     # 設定參加物理夏令營成員
4  both = math & physics
5  print("同時參加數學與物理夏令營的成員 ",both)
```

執行結果

```
==================== RESTART: D:\Python\ch10\ch10_7.py ====================
同時參加數學與物理夏令營的成員  {'Peter'}
```

10-2-2　聯集 (union)

　　有 A 和 B 兩個集合，如果想獲得所有的元素，則可以使用聯集。例如：你舉辦了數學 (可想成 A 集合) 與物理 (可想成 B 集合)2 個夏令營，如果想統計參加這 2 個夏令營的全部成員，可以使用此功能。

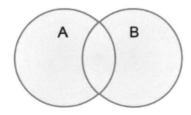

　　在 Python 語言的聯集符號是 "|"。

程式實例 ch10_8.py：有數學與物理 2 個夏令營，這個程式會列出參加數學或物理夏令營的所有成員。

```
1  # ch10_8.py
2  math = {'Kevin', 'Peter', 'Eric'}        # 設定參加數學夏令營成員
3  physics = {'Peter', 'Nelson', 'Tom'}      # 設定參加物理夏令營成員
4  allmember = math | physics
5  print("參加數學或物理夏令營的成員 ",allmember)
```

執行結果
```
==================== RESTART: D:\Python\ch10\ch10_8.py ====================
參加數學或物理夏令營的成員  {'Kevin', 'Eric', 'Tom', 'Peter', 'Nelson'}
```

10-2-3　差集 (difference)

　　有 A 和 B 兩個集合，如果想獲得屬於 A 集合元素，同時不屬於 B 集合則可以使用差集 (A-B)。如果想獲得屬於 B 集合元素，同時不屬於 A 集合則可以使用差集 (B-A)。例如：你舉辦了數學 (可想成 A 集合) 與物理 (可想成 B 集合)2 個夏令營，如果想瞭解參加數學夏令營但是沒有參加物理夏令營的成員，可以使用此功能。

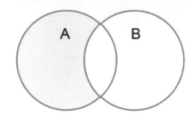

　　如果想統計參加物理夏令營但是沒有參加數學夏令營的成員，也可以使用此功能。

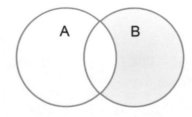

　　在 Python 語言的差集符號是 "-"。

程式實例 ch10_9.py：有數學與物理 2 個夏令營，這個程式會列出參加數學夏令營但是沒有參加物理夏令營的所有成員。另外也會列出參加物理夏令營但是沒有參加數學夏令營的所有成員。

```
1  # ch10_9.py
2  math = {'Kevin', 'Peter', 'Eric'}          # 設定參加數學夏令營成員
3  physics = {'Peter', 'Nelson', 'Tom'}       # 設定參加物理夏令營成員
4  math_only = math - physics
5  print("參加數學夏令營同時沒有參加物理夏令營的成員 ",math_only)
6  physics_only = physics - math
7  print("參加物理夏令營同時沒有參加數學夏令營的成員 ",physics_only)
```

執行結果

```
==================== RESTART: D:\Python\ch10\ch10_9.py ====================
參加數學夏令營同時沒有參加物理夏令營的成員  {'Kevin', 'Eric'}
參加物理夏令營同時沒有參加數學夏令營的成員  {'Nelson', 'Tom'}
```

10-2-4 是成員 in

Python 的關鍵字 in 可以測試元素是否是集合的元素成員。

程式實例 ch10_10.py：關鍵字 in 的應用。

```
1   # ch10_10.py
2   # 方法1
3   fruits = set("orange")
4   print("字元a是屬於fruits集合?", 'a' in fruits)
5   print("字元d是屬於fruits集合?", 'd' in fruits)
6   # 方法2
7   cars = {"Nissan", "Toyota", "Ford"}
8   boolean = "Ford" in cars
9   print("Ford in cars", boolean)
10  boolean = "Audi" in cars
11  print("Audi in cars", boolean)
```

執行結果

```
==================== RESTART: D:\Python\ch10\ch10_10.py ====================
字元a是屬於fruits集合? True
字元d是屬於fruits集合? False
Ford in cars True
Audi in cars False
```

程式實例 ch10_11：使用迴圈列出所有參加數學夏令營的學生。

```
1  # ch10_11.py
2  math = {'Kevin', 'Peter', 'Eric'}          # 設定參加數學夏令營成員
3  print("列印參加數學夏令營的成員")
4  for name in math:
5      print(name)
```

執行結果

```
==================== RESTART: D:\Python\ch10\ch10_11.py ====================
列印參加數學夏令營的成員
Kevin
Peter
Eric
```

10-3 專題設計

10-3-1 夏令營的程式設計

程式實例 ch10_12.py：有一個班級有 10 個人，其中有 3 個人參加了數學夏令營，另外有 3 個人參加了物理夏令營，這個程式會列出同時參加數學和物理夏令營的人，同時也會列出有那些人沒有參加暑期夏令營。

```
1  # ch10_12.py
2  # students是學生名單集合
3  students = {'Peter', 'Norton', 'Kevin', 'Mary', 'John',
4              'Ford', 'Nelson', 'Damon', 'Ivan', 'Tom'
5             }
6
7  Math = {'Peter', 'Kevin', 'Damon'}          # 數學夏令營參加人員
8  Physics = {'Nelson', 'Damon', 'Tom' }       # 物理夏令營參加人員
9
10 MandP = Math | Physics
11 print("有 %d 人參加數學和物理夏令營名單   : " % len(MandP), MandP )
12 unAttend = students - MandP
13 print("沒有參加任何夏令營有 %d 人名單是 : " % len(unAttend), unAttend)
```

執行結果
```
==================== RESTART: D:\Python\ch10\ch10_12.py ====================
有 5 人參加數學和物理夏令營名單   : {'Peter', 'Nelson', 'Kevin', 'Tom', 'Damon'}
沒有參加任何夏令營有 5 人名單是 : {'Norton', 'John', 'Ford', 'Mary', 'Ivan'}
```

10-3-2 雞尾酒的實例

雞尾酒是酒精飲料，由基酒和一些飲料調製而成，下列是一些常見的雞尾酒飲料以及它的配方。

❑ 藍色夏威夷 (Blue Hawaiian)：蘭姆酒 (rum)、甜酒 (sweet wine)、椰奶 (coconut cream)、鳳梨汁 (pineapple juice)、檸檬汁 (lemon juice)。

❑ 薑味莫西多 (Ginger Mojito)：蘭姆酒 (rum)、薑 (ginger)、薄荷葉 (mint leaves)、萊姆汁 (lime juice)、薑汁汽水 (ginger soda)。

❑ 紐約客 (New Yorker)：威士忌 (whiskey)、紅酒 (red wine)、檸檬汁 (lemon juice)、糖水 (sugar syrup)。

程式實例 ch10_13.py：為上述雞尾酒建立一個字典，上述字典的鍵 (key) 是字串，也就是雞尾酒的名稱，字典的值是集合，內容是各種雞尾酒的材料配方。這個程式會列出含有檸檬汁的酒、含有蘭姆酒但沒有薑的酒。

```
1   # ch10_13.py
2   cocktail = {
3       'Blue Hawaiian':{'Rum','Sweet Wine','Cream','Pineapple Juice','Lemon Juice'},
4       'Ginger Mojito':{'Rum','Ginger','Mint Leaves','Lime Juice','Ginger Soda'},
5       'New Yorker':{'Whiskey','Red Wine','Lemon Juice','Sugar Syrup'},
6       }
7   # 列出含有Lemon Juice的酒
8   print("含有Lemon Juice的酒 : ")
9   for name, formulas in cocktail.items():
10      if 'Lemon Juice' in formulas:
11          print(name)
12  # 列出含有Rum但是沒有薑的酒
13  print("含有Rum但是沒有薑的酒 : ")
14  for name, formulas in cocktail.items():
15      if 'Rum' in formulas and not ('Ginger' in formulas):
16          print(name)
```

執行結果

```
==================== RESTART: D:/Python/ch10/ch10_13.py ====================
含有Lemon Juice的酒 :
Blue Hawaiian
New Yorker
含有Rum但是沒有薑的酒 :
Blue Hawaiian
```

習題實作題

1: 有一段英文段落如下：(10-1 節)

Silicon Stone Education is an unbiased organization, concentrated on bridging the gap between academic and the working world in order to benefit society as a whole. We have carefully crafted our online certification system and test content databases. The content for each topic is created by experts and is all carefully designed with a comprehensive knowledge to greatly benefit all candidates who participate.

請將上述文章處理成沒有標點符號和沒有重複字串的字串串列。

```
==================== RESTART: D:\Python\ex\ex10_1.py ====================
最後串列 = ['a', 'academic', 'all', 'an', 'and', 'as', 'benefit', 'between', 'b
ridging', 'by', 'candidates', 'carefully', 'certification', 'comprehensive', 'co
ncentrated', 'content', 'crafted', 'created', 'databases', 'designed', 'each', '
education', 'experts', 'for', 'gap', 'greatly', 'have', 'in', 'is', 'knowledge',
'on', 'online', 'order', 'organization', 'our', 'participate', 'silicon', 'soci
ety', 'stone', 'system', 'test', 'the', 'to', 'topic', 'unbiased', 'we', 'who',
'whole', 'with', 'working', 'world']
```

2: 請建立 2 個串列：(10-2 節)

A：1, 3, 5, …, 99

B：0, 5, 10, …, 100

將上述轉成集合，然後求上述的交集，聯集，A-B 差集和 B-A 差集。

```
===================== RESTART: D:\Python\ex\ex10_2.py =====================
聯集 : {0, 1, 3, 5, 7, 9, 10, 11, 13, 15, 17, 19, 20, 21, 23, 25, 27, 29, 30, 3
1, 33, 35, 37, 39, 40, 41, 43, 45, 47, 49, 50, 51, 53, 55, 57, 59, 60, 61, 63, 6
5, 67, 69, 70, 71, 73, 75, 77, 79, 80, 81, 83, 85, 87, 89, 90, 91, 93, 95, 97, 9
9, 100}
交集 : {65, 35, 5, 75, 45, 15, 85, 55, 25, 95}
A-B差集 : {1, 3, 7, 9, 11, 13, 17, 19, 21, 23, 27, 29, 31, 33, 37, 39, 41, 43,
47, 49, 51, 53, 57, 59, 61, 63, 67, 69, 71, 73, 77, 79, 81, 83, 87, 89, 91, 93,
97, 99}
B-A差集 : {0, 100, 70, 40, 10, 80, 50, 20, 90, 60, 30}
```

3： 有 3 個夏令營集合分別如下：(10-2 節)

Math：Peter, Norton, Kevin, Mary, John, Ford, Nelson, Damon, Ivan, Tom

Computer：Curry, James, Mary, Turisa, Tracy, Judy, Lee, Jarmul, Damon, Ivan

Physics：Eric, Lee, Kevin, Mary, Christy, Josh, Nelson, Kazil, Linda, Tom

請分別列出下列資料：

a：同時參加 3 個夏令營的名單。

b：同時參加 Math 和 Computer 的夏令營的名單。

c：同時參加 Math 和 Physics 的夏令營的名單。

d：同時參加 Computer 和 Pyhsics 的夏令營的名單。

```
===================== RESTART: D:\Python\ex\ex10_3.py =====================
同時參加3個夏令營名單 : {'Mary'}
同時參加Math和Computer夏令營名單 : {'Ivan', 'Damon', 'Mary'}
同時參加Math和Physics夏令營名單 : {'Nelson', 'Tom', 'Kevin', 'Mary'}
同時參加Computer和Physics夏令營名單 : {'Lee', 'Mary'}
```

4： 請擴充 ch10_13.py，增加下列雞尾酒。

血腥瑪莉 (Bloody Mary)：伏特加 (vodka)、檸檬汁 (lemon juice)、番茄汁 (tomato juice)、酸辣醬 (tabasco)、少量鹽 (little salt)。

這個程式會列出含有伏特加配方的酒，和含有檸檬汁的酒、含有蘭姆酒但沒有薑的酒。

```
===================== RESTART: D:/Python/ex/ex10_4.py =====================
含有Vodka的酒 :
Bloody Mary
含有Lemon Juice的酒 :
Blue Hawaiian
New Yorker
Bloody Mary
含有Rum但是沒有薑的酒 :
Blue Hawaiian
含有Lemon Juice但是沒有Cream或是Tabasco的酒 :
New Yorker
```

第十一章

函數設計

所謂的函數 (function) 其實就是一系列指令敘述所組成，它的目的有兩個。

1： 當我們在設計一個大型程式時，若是能將這個程式依功能，將其分割成較小的功能，然後依這些較小功能要求撰寫函數程式，如此，不僅使程式簡單化，同時最後程式偵錯也變得容易。另外，撰寫大型程式時應該是團隊合作，每一個人負責一個小功能，可以縮短程式開發的時間。

2： 在一個程式中，也許會發生某些指令被重複書寫在許多不同的地方，若是我們能將這些重複的指令撰寫成一個函數，需要用時再加以呼叫，如此，不僅減少編輯程式的時間，同時更可使程式精簡、清晰、明瞭。

下列是呼叫函數的基本流程圖。

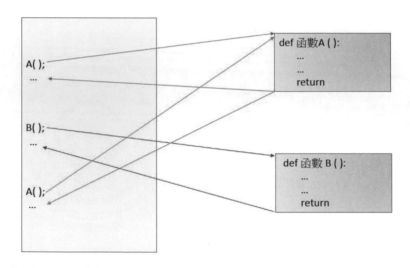

當一個程式在呼叫函數時，Python 會自動跳到被呼叫的函數上執行工作，執行完後，會回到原先程式執行位置，然後繼續執行下一道指令。

11-1 Python 函數基本觀念

從前面的學習相信讀者已經熟悉使用 Python 內建的函數了，例如：len( )、max( ) … 等。有了這些函數，我們可以隨時呼叫使用，讓程式設計變得很簡潔，這一章主題將是如何設計這類的函數。

11-1-1 函數的定義

函數的語法格式如下：

def 函數名稱 (參數值 1[, 參數值 2, …]):
    """ 函數註解 (docstring) """
    程式碼區塊   # 需要內縮
    return [回傳值 1, 回傳值 2 , …]   # 中括號可有可無

❑ 函數名稱

名稱必須是唯一的，程式未來可以呼叫引用，Python 風格下第一個字母建議是小寫。

❑ 參數值

這是可有可無，完全視函數設計需要，可以接收呼叫函數傳來的變數，各參數值之間是用逗號 "," 隔開。

❑ 函數註解

這是可有可無，不過如果是參與大型程式設計計畫，當負責一個小程式時，建議所設計的函數需要加上註解，除了自己需要也是方便他人閱讀。主要是註明此函數的功能，由於可能是有多行註解所以可以用 3 個雙引號 (或單引號) 包夾。許多英文 Python 資料將此稱 docstring(document string 的縮寫)。

❑ return [回傳值 1, 回傳值 2 , …]

不論是 return 或接續右邊的回傳值皆是可有可無，如果有回傳多個資料彼此需以逗號 "," 隔開。

11-1-2 沒有傳入參數也沒有傳回值的函數

程式實例 ch11_1.py：第一次設計 Python 函數。

```
1  # ch11_1.py
2  def greeting( ):
3      """我的第一個Python函數設計"""
4      print("Python歡迎你")
5      print("祝福學習順利")
6      print("謝謝")
7
8  # 以下的程式碼也可稱主程式
9  greeting( )
10 greeting( )
```

```
11   greeting( )
12   greeting( )
13   greeting( )
```

執行結果

```
===================== RESTART: D:\Python\ch11\ch11_1.py =====================
Python歡迎你
祝福學習順利
謝謝
Python歡迎你
祝福學習順利
謝謝
Python歡迎你
祝福學習順利
謝謝
Python歡迎你
祝福學習順利
謝謝
Python歡迎你
祝福學習順利
謝謝
```

在程式設計的觀念中，有時候我們也可以將第 8 行以後的程式碼稱主程式。讀者可以想想看，如果沒有函數功能我們的程式設計將如下所示：

程式實例 ch11_2.py：重新設計 ch11_1.py，但是不使用函數設計。

```
 1   # ch11_2.py
 2   print("Python歡迎你")
 3   print("祝福學習順利")
 4   print("謝謝")
 5   print("Python歡迎你")
 6   print("祝福學習順利")
 7   print("謝謝")
 8   print("Python歡迎你")
 9   print("祝福學習順利")
10   print("謝謝")
11   print("Python歡迎你")
12   print("祝福學習順利")
13   print("謝謝")
14   print("Python歡迎你")
15   print("祝福學習順利")
16   print("謝謝")
```

執行結果 與 ch11_1.py 相同。

上述程式雖然也可以完成工作，但是可以發現重複的語句太多了，這不是一個好的設計。同時如果發生要將 "Python 歡迎你 " 改成 "Python 歡迎你們 "，程式必須修改 5 次相同的語句。經以上講解讀者應可以了解函數對程式設計的好處了吧！

11-2 函數的參數設計

11-1 節的程式實例沒有傳遞任何參數,在真實的函數設計與應用中大多是需要傳遞一些參數的。例如:在前面章節當我們呼叫 Python 內建函數時,例如:len( )、print( ) … 等,皆需要輸入參數,接下來將講解這方面的應用與設計。

11-2-1 傳遞一個參數

程式實例 ch11_3.py:函數內有參數的應用。

```
1  # ch11_3.py
2  def greeting(name):
3      """Python函數需傳遞名字name"""
4      print("Hi, ", name, "Good Morning!")
5  greeting('Nelson')
```

執行結果
```
==================== RESTART: D:\Python\ch11\ch11_3.py ====================
Hi, Nelson Good Morning!
```

上述執行時,第 5 行呼叫函數 greeting( ) 時,所放的參數是 Nelson,這個字串將傳給函數括號內的 name 參數,所以程式第 4 行會將 Nelson 字串透過 name 參數列印出來。

11-2-2 多個參數傳遞

當所設計的函數需要傳遞多個參數,呼叫此函數時就需要特別留意傳遞參數的位置需要正確,最後才可以獲得正確的結果。最常見的傳遞參數是數值或字串資料,有時也會有需要傳遞串列、元組或字典。

程式實例 ch11_4.py:設計減法的函數 subtract( ),第一個參數會減去第二個參數,然後列出執行結果。

```
1   # ch11_4.py
2   def subtract(x1, x2):
3       """ 減法設計 """
4       result = x1 - x2
5       print(result)              # 輸出減法結果
6   print("本程式會執行 a - b 的運算")
7   a = int(input("a = "))
8   b = int(input("b = "))
9   print("a - b = ", end="")      # 輸出a-b字串,接下來輸出不跳行
10  subtract(a, b)
```

執行結果

```
==================== RESTART: D:\Python\ch11\ch11_4.py ====================
本程式會執行 a - b 的運算
a = 10
b = 5
a - b = 5
```

上述函數功能是減法運算，所以需要傳遞 2 個參數，然後執行第一個數值減去第 2 個數值。呼叫這類的函數時，就必須留意參數的位置，否則會有錯誤訊息產生。對於上述程式而言，變數 a 和 b 皆是從螢幕輸入，執行第 10 行呼叫 subtract( ) 函數時，a 將傳給 x1，b 將傳給 x2。

11-2-3　參數預設值的處理

在設計函數時也可以給參數預設值，如果呼叫這個函數沒有給參數值時，函數的預設值將派上用場。特別需留意：函數設計時含有預設值的參數，必須放置在參數列的最右邊，請參考下列程式第 2 行，如果將 "subject = ' 敦煌 '" 與 "interest_type" 位置對調，程式會有錯誤產生。

程式實例 ch11_5.py：這個程式會將 subject 的預設值設為 " 敦煌 "。程式將用不同方式呼叫，讀者可以從中體會程式參數預設值的意義。

```
1   # ch11_5.py
2   def interest(interest_type, subject = '敦煌'):
3       """ 顯示興趣和主題 """
4       print("我的興趣是 " + interest_type )
5       print("在 " + interest_type + " 中, 最喜歡的是 " + subject)
6       print()
7
8   interest('旅遊')                      # 傳遞一個參數
9   interest('旅遊', '張家界')            # 傳遞二個參數
10  interest('閱讀', '旅遊類')            # 傳遞二個參數,不同的主題
```

執行結果

```
==================== RESTART: D:\Python\ch11\ch11_5.py ====================
我的興趣是 旅遊
在 旅遊 中, 最喜歡的是 敦煌

我的興趣是 旅遊
在 旅遊 中, 最喜歡的是 張家界

我的興趣是 閱讀
在 閱讀 中, 最喜歡的是 旅遊類
```

上述程式第 8 行只傳遞一個參數，所以 subject 就會使用預設值 " 敦煌 "，第 9 行傳送了 2 個參數，所以 subject 使用所傳遞的參數 " 張家界 "。第 10 行主要說明使用不同類的參數一樣可以獲得正確語意的結果。

11-3 函數傳回值

在前面的章節實例我們有執行呼叫許多內建的函數，有時會傳回一些有意義的資料，例如：len( ) 回傳元素數量。有些沒有回傳值，此時 Python 會自動回傳 None，例如：clear( )。為何會如此？本節會完整解說函數回傳值的知識。

11-3-1 傳回 None

前 2 個小節所設計的函數全部沒有 "return [回傳值]"，Python 在直譯時會自動回傳處理成 "return None"，相當於回傳 None。在一些程式語言，例如：C 語言這個 None 就是 NULL，None 在 Python 中獨立成為一個資料型態 NoneType，下列是實例觀察。

程式實例 ch11_6.py：重新設計 ch11_3.py，這個程式會並沒有做傳回值設計，不過筆者將列出 Python 回傳 greeting( ) 函數的資料是否是 None，同時列出傳回值的資料型態。

```
1  # ch11_6.py
2  def greeting(name):
3      """Python函數需傳遞名字name"""
4      print("Hi, ", name, " Good Morning!")
5  ret_value = greeting('Nelson')
6  print("greeting( )傳回值 = ", ret_value)
7  print(ret_value, " 的 type  = ", type(ret_value))
```

執行結果
```
==================== RESTART: D:\Python\ch11\ch11_6.py ====================
Hi,  Nelson  Good Morning!
greeting( )傳回值 =  None
None 的 type = <class 'NoneType'>
```

上述函數 greeting( ) 沒有 return，Python 將自動處理成 return None。其實即使函數設計時有 return 但是沒有傳回值，Python 也將自動處理成 return None，可參考下列實例第 5 行。

程式實例 ch11_7.py：重新設計 ch11_6.py，函數末端增加 return。

```
1  # ch11_7.py
2  def greeting(name):
3      """Python函數需傳遞名字name"""
4      print("Hi, ", name, " Good Morning!")
5      return                       # Python將自動回傳None
6  ret_value = greeting('Nelson')
7  print("greeting( )傳回值 = ", ret_value)
8  print(ret_value, " 的 type  = ", type(ret_value))
```

執行結果　與 ch11_6.py 相同。

11-3-2 簡單回傳數值資料

參數具有回傳值功能，將可以大大增加程式的可讀性，回傳的基本方式可參考下列程式第 5 行：

```
return result                # result 就是回傳的值
```

程式實例 ch11_8.py：利用函數的回傳值，重新設計 ch11_4.py 減法的運算。

```
1   # ch11_8.py
2   def subtract(x1, x2):
3       """ 減法設計 """
4       result = x1 - x2
5       return result                # 回傳減法結果
6   print("本程式會執行 a - b 的運算")
7   a = int(input("a = "))
8   b = int(input("b = "))
9   print("a - b = ", subtract(a, b))    # 輸出a-b字串和結果
```

執行結果
```
================= RESTART: D:\Python\ch11\ch11_8.py =================
本程式會執行 a - b 的運算
a = 10
b = 5
a - b =  5
```

11-3-3 傳回多筆資料的應用

使用 return 回傳函數資料時，也允許回傳多筆資料，各筆資料間只要以逗號隔開即可，讀者可參考下列實例第 8 行。

程式實例 ch11_9.py：請輸入 2 筆資料，此函數將傳回加法、減法、乘法、除法的執行結果。

```
1   # ch11_9.py
2   def mutifunction(x1, x2):
3       """ 加，減，乘，除四則運算 """
4       addresult = x1 + x2
5       subresult = x1 - x2
6       mulresult = x1 * x2
7       divresult = x1 / x2
8       return addresult, subresult, mulresult, divresult
9
10  x1 = x2 = 10
11  add, sub, mul, div = mutifunction(x1, x2)
12  print("加法結果 = ", add)
13  print("減法結果 = ", sub)
```

```
14    print("乘法結果 = ", mul)
15    print("除法結果 = ", div)
```

執行結果

```
===================== RESTART: D:\Python\ch11\ch11_9.py =====================
加法結果 =  20
減法結果 =  0
乘法結果 =  100
除法結果 =  1.0
```

11-4 呼叫函數時參數是串列

在呼叫函數時，也可以將串列 (此串列可以是由數值、字串或字典所組成) 當參數傳遞給函數的，然後函數可以遍歷串列內容，然後執行更進一步的運作。

程式實例 ch11_10.py：傳遞串列給 product_msg( ) 函數，函數會遍歷串列，然後列出多收件人的產品發表會的信件。

```
1   # ch11_10.py
2   def product_msg(customers):
3       str1 = '親愛的: '
4       str2 = '本公司將在2020年12月20日北京舉行產品發表會'
5       str3 = '總經理:深石敬上'
6       for customer in customers:
7           msg = str1 + customer + '\n' + str2 + '\n' + str3
8           print(msg, '\n')
9
10  members = ['Damon', 'Peter', 'Mary']
11  product_msg(members)
```

執行結果

```
===================== RESTART: D:\Python\ch11\ch11_10.py =====================
親愛的: Damon
本公司將在2020年12月20日北京舉行產品發表會
總經理:深石敬上

親愛的: Peter
本公司將在2020年12月20日北京舉行產品發表會
總經理:深石敬上

親愛的: Mary
本公司將在2020年12月20日北京舉行產品發表會
總經理:深石敬上
```

上述相當於一次建立多封信件。

11-5 傳遞任意數量的參數

11-5-1　基本傳遞處理任意數量的參數

在設計 Python 的函數時，有時候可能會碰上不知道會有多少個參數會傳遞到這個函數，此時可以用下列方式設計。

程式實例 ch11_11.py：建立一個冰淇淋的配料程式，一般冰淇淋可以在上面加上配料，這個程式在呼叫製作冰淇淋函數 make_icecream( ) 時，可以傳遞 0 到多個配料，然後 make_icecream( ) 函數會將配料結果的冰淇淋列印出來。

```
1   # ch11_11.py
2   def make_icecream(*toppings):
3       # 列出製作冰淇淋的配料
4       print("這個冰淇淋所加配料如下")
5       for topping in toppings:
6           print("--- ", topping)
7
8   make_icecream('草莓醬')
9   make_icecream('草莓醬', '葡萄乾', '巧克力碎片')
```

執行結果

```
==================== RESTART: D:\Python\ch11\ch11_11.py ====================
這個冰淇淋所加配料如下
---   草莓醬
這個冰淇淋所加配料如下
---   草莓醬
---   葡萄乾
---   巧克力碎片
```

上述程式最關鍵的是第 2 行 make_icecream( ) 函數的參數 "*toppings"，這個加上 "*" 符號的參數代表可以有 1 到多個參數將傳遞到這個函數內。

11-5-2　設計含有一般參數與任意數量參數的函數

程式設計時有時會遇上需要傳遞一般參數與任意數量參數，碰上這類狀況，任意數量的參數必須放在最右邊。

程式實例 ch11_12.py：重新設計 ch11_11.py，傳遞參數時第一個參數是冰淇淋的種類，然後才是不同數量的冰淇淋的配料。

```
1   # ch11_12.py
2   def make_icecream(icecream_type, *toppings):
3       # 列出製作冰淇淋的配料
```

```
4       print("這個 ", icecream_type, " 冰淇淋所加配料如下")
5       for topping in toppings:
6           print("--- ", topping)
7
8   make_icecream('香草', '草莓醬')
9   make_icecream('芒果', '草莓醬', '葡萄乾', '巧克力碎片')
```

執行結果

```
==================== RESTART: D:\Python\ch11\ch11_12.py ====================
這個  香草   冰淇淋所加配料如下
---   草莓醬
這個  芒果   冰淇淋所加配料如下
---   草莓醬
---   葡萄乾
---   巧克力碎片
```

11-6 區域變數與全域變數

在設計函數時，另一個重點是適當的使用變數名稱，某個變數只有在該函數內使用，影響範圍限定在這個函數內，這個變數稱區域變數 (local variable)。如果某個變數的影響範圍是在整個程式，則這個變數稱全域變數 (global variable)。

Python 程式在呼叫函數時會建立一個記憶體工作區間，在這個記憶體工作區間可以處理屬於這個函數的變數，當函數工作結束，返回原先呼叫程式時，這個記憶體工作區間就被收回，原先存在的變數也將被銷毀，這也是為何區域變數的影響範圍只限定在所屬的函數內。

對於全域變數而言，一般是在主程式內建立，程式在執行時，不僅主程式可以引用，所有屬於這個程式的函數也可以引用，所以它的影響範圍是整個程式。

11-6-1 全域變數可以在所有函數使用

一般在主程式內建立的變數稱全域變數，這個變數可功主程式與本程式的所有函數引用。

程式實例 ch11_13.py：這個程式會設定一個全域變數，然後函數也可以呼叫引用。

```
1   # ch11_13.py
2   def printmsg( ):
3       # 函數本身沒有定義變數, 只有執行列印全域變數功能
4       print("函數列印: ", msg)      # 列印全域變數
5
```

```
6   msg = 'Global Variable'       # 設定全域變數
7   print("主程式列印: ", msg)      # 列印全域變數
8   printmsg( )                    # 呼叫函數
```

執行結果
```
===================== RESTART: D:\Python\ch11\ch11_13.py =====================
主程式列印:  Global Variable
函數列印:  Global Variable
```

11-6-2　區域變數與全域變數使用相同的名稱

在程式設計時建議全域變數與函數內的區域變數不要使用相同的名稱,因為很容易造成混淆。如果發生全域變數與函數內的區域變數使用相同的名稱時,Python 會將相同名稱的區域與全域變數視為不同的變數,在區域變數所在的函數是使用區域變數內容,其它區域則是使用全域變數的內容。

程式實例 ch11_14.py:區域變數與全域變數定義了相同的變數 msg,但是內容不相同。然後執行列印,可以發現在函數與主程式所列印的內容有不同的結果。

```
1   # ch11_14.py
2   def printmsg( ):
3       # 函數本身有定義變數,將執行列印區域變數功能
4       msg = 'Local Variable'     # 設定區域變數
5       print("函數列印: ", msg)     # 列印區域變數
6
7   msg = 'Global Variable'        # 這是全域變數
8   print("主程式列印: ", msg)       # 列印全域變數
9   printmsg( )                    # 呼叫函數
```

執行結果
```
===================== RESTART: D:\Python\ch11\ch11_14.py =====================
主程式列印:  Global Variable
函數列印:  Local Variable
```

11-6-3　程式設計需注意事項

一般程式設計時有關使用區域變數需注意下列事項,否則程式會有錯誤產生。

❑ 區域變數內容無法在其他函數引用。

❑ 區域變數內容無法在主程式引用。

❑ 基本上在函數內不能更改全域變數的值,如果要在函數內要修改全域變數值,需在函數內使用 global 宣告此變數。

程式實例 ch11_15.py：使用 global 在函數內宣告全域變數，可以參考第 3 行。

```
1  # ch11_15.py
2  def printmsg():
3      global msg
4      msg = "Java"          # 更改全域變數
5      print("更改後: ", msg)
6  msg = "Python"
7  print("更改前: ", msg)
8  printmsg()
```

執行結果

```
==================== RESTART: D:\Python\ch11\ch11_15.py ====================
更改前:  Python
更改後:  Java
```

11-7　匿名函數 lambda

　　所謂的匿名函數 (anonymous function) 是指一個沒有名稱的函數，Python 是使用 def 定義一般函數，匿名函數則是使用 lambda 來定義，有的人稱之為 lambda 表達式，也可以將匿名函數稱 lambda 函數。

　　匿名函數最大特色是可以有許多的參數，但是只能有一個程式碼表達式，然後可以將執行結果傳回。

　　lambda arg1[, arg2, … argn]:expression　　　　　# arg1 是參數，可以有多個參數

程式實例 ch11_16.py：這是單一參數的匿名函數應用，可以傳回平方值。

```
1  # ch11_16.py
2  # 定義lambda函數
3  square = lambda x: x ** 2
4
5  # 輸出平方值
6  print(square(10))
```

執行結果

```
==================== RESTART: D:\Python\ch11\ch11_16.py ====================
100
```

　　讀者可以留意第 6 行呼叫匿名函數方式，其實上述匿名函數是可以用一般函數取代。

程式實例 ch11_17.py：使用一般函數取代匿名函數，重新設計 ch11_16.py。

```
1  # ch11_17.py
2  # 使用一般函數
3  def square(x):
4      value = x ** 2
5      return value
6
7  # 輸出平方值
8  print(square(10))
```

執行結果　與 ch11_17.py 相同。

11-8 專題設計

11-8-1　用函數重新設計記錄一篇文章每個單字出現次數

程式實例 ch11_18.py：這個程式主要是設計 2 個函數，modifySong( ) 會將所傳來的字串有標點符號部分用空白字元取代。wordCount( ) 會將字串轉成串列，同時將串列轉成字典，最後遍歷字典然後記錄每個單字出現的次數。

```
1  # ch11_18.py
2  def modifySong(songStr):              # 將歌曲的標點符號用空字元取代
3      for ch in songStr:
4          if ch in ".,?":
5              songStr = songStr.replace(ch,'')
6      return songStr                    # 傳回取代結果
7
8  def wordCount(songCount):
9      songList = songCount.split()      # 將歌曲字串轉成串列
10     print("以下是歌曲串列")
11     print(songList)
12     for wd in songList:
13         if wd in mydict:
14             mydict[wd] += 1
15         else:
16             mydict[wd] = 1
17
18 data = """Are you sleeping, are you sleeping, Brother John, Brother John?
19 Morning bells are ringing, morning bells are ringing.
20 Ding ding dong, Ding ding dong."""
21
22 mydict = {}                           # 空字典未來儲存單字計數結果
23 print("以下是將歌曲大寫字母全部改成小寫同時將標點符號用空字元取代")
24 song = modifySong(data.lower())
```

```
25  print(song)
26
27  wordCount(song)                    # 執行歌曲單字計數
28  print("以下是最後執行結果")
29  print(mydict)                      # 列印字典
```

執行結果
```
==================== RESTART: D:\Python\ch11\ch11_18.py ====================
以下是將歌曲大寫字母全部改成小寫同時將標點符號用空字元取代
are you sleeping are you sleeping brother john brother john
morning bells are ringing morning bells are ringing
ding ding dong ding ding dong
以下是歌曲串列
['are', 'you', 'sleeping', 'are', 'you', 'sleeping', 'brother', 'john', 'brother
', 'john', 'morning', 'bells', 'are', 'ringing', 'morning', 'bells', 'are', 'rin
ging', 'ding', 'ding', 'dong', 'ding', 'ding', 'dong']
以下是最後執行結果
{'are': 4, 'you': 2, 'sleeping': 2, 'brother': 2, 'john': 2, 'morning': 2, 'bell
s': 2, 'ringing': 2, 'ding': 4, 'dong': 2}
```

11-8-2 設計 divmod( ) 函數

在 3-5-1 節筆者介紹了 divmod( )，這是 Python 的內建函數，在 11-3-3 節筆者介紹了設計函數傳回多筆資料的應用，其實當函數傳回多筆資料時，所傳回的資料是以元組 (tuple) 方式回傳，可參考下列程式實例。

程式實例 ch11_19.py：模擬 divmod( ) 方法，同時驗證所回傳的資料是元組。

```
1   # ch11_19.py
2   def my_divmod(x, y):
3       # 模擬divmod()
4       a = x // y
5       b = x % y
6       return a, b
7
8   x = eval(input('請輸入被除數 ： '))
9   y = eval(input('請輸入除數   ： '))
10  rtn = my_divmod(x, y)
11  print('回傳多筆資料的形態 ： {}'.format(type(rtn)))
12  print('商 = {}， 餘數 = {}'.format(rtn[0], rtn[1]))
```

執行結果
```
==================== RESTART: D:/Python/ch11/ch11_19.py ====================
請輸入被除數 ： 9
請輸入除數   ： 2
回傳多筆資料的形態 ： <class 'tuple'>
商 = 4， 餘數 = 1
```

11-8-3　歐幾里德演算法 (Euclidean algorithm)

歐幾里德是古希臘的數學家，在數學中歐幾里德演算法主要是求最大公因數的方法，這個方法就是我們在國中時期所學的輾轉相除法，這個演算法最早是出現在歐幾里德的幾何原本。這一節筆者除了解釋此演算法也將使用 Python 完成此演算法。

假設有一塊土地長是 40 公尺寬是 16 公尺，如果我們想要將此土地劃分成許多正方形土地，同時不要浪費土地，則最大的正方形土地邊長是多少？

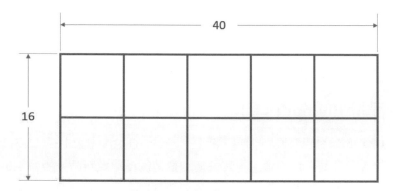

其實這類問題在數學中就是最大公約數的問題，土地的邊長就是任意 2 個要計算最大公約數的數值，最大邊長的正方形邊長 8 就是 16 和 40 的最大公約數。

求有 2 個數的最大公約數使用輾轉相除法，步驟如下：

1：　計算較大的數。

2：　讓較大的數當作被除數，較小的數當作除數。

3：　兩數相除。

4：　兩數相除的餘數當作下一次的除數，原除數變被除數，如此循環直到餘數為 0，當餘數為 0 時，這時的除數就是最大公約數。

程式實例 ch11_20 .py：使用輾轉相除法，計算輸入 2 個數字的最大公約數 (GCD)。

```
1  # ch11_20.py
2  def gcd(a, b):
3      # 輾轉相除法，也就是歐幾里德演算法
4      if a < b:
5          a, b = b, a
6      while b != 0:
7          tmp = a % b
```

```
8           a = b
9           b = tmp
10      return a
11
12  a, b = eval(input("請輸入2個整數值 : "))
13  print("最大公約數是 : ", gcd(a, b))
```

執行結果
```
===================== RESTART: D:/Python/ch11/ch11_20.py =====================
請輸入2個整數值 : 16, 40
最大公約數是 : 8
```

11-8-4 遞迴呼叫 recursive 與階乘數的應用

一個函數可以呼叫其它函數也可以呼叫自己,其中呼叫本身的動作稱遞迴式 (recursive) 呼叫,遞迴式呼叫有下列特色:

❑ 每次呼叫自己時,都會使範圍越來越小。

❑ 必需要有一個終止的條件來結束遞迴函數。

遞迴函數可以使程式變得很簡潔,但是設計這類程式如果一不小心很容易掉入無限迴圈的陷阱,所以使用這類函數時一定要特別小心。遞迴函數最常見的應用是處理正整數的階乘 (factorial),一個正整數的階乘是所有小於以及等於該數的正整數的積,同時如果正整數是 0 則階乘為 1,依照觀念正整數是 1 時階乘也是 1。此階乘數字的表示法為 n!,

    1! = 0 * 1 = 1
    2! = 1 * 2 = 2

實例 1:n 是 3,下列是階乘數的計算方式。

    n! = 1 * 2 * 3 = 6

實例 2:n 是 5,下列是階乘數的計算方式。

    n! = 1 * 2 * 3 * 4 * 5 = 120

階乘數觀念是由法國數學家克里斯蒂安 · 克蘭普 (Christian Kramp, 1760-1826) 法國數學家所發表,他是學醫但是卻同時對數學感興趣,發表許多數學文章。

程式實例 ch11_21.py：使用遞迴函數執行階乘 (factorial) 運算。

```
1  # ch11_21.py
2  def factorial(n):
3      """ 計算n的階乘, n 必須是正整數 """
4      if n == 1:
5          return 1
6      else:
7          return (n * factorial(n-1))
8
9  N = eval(input("請輸入階乘數 : "))
10 print(N, " 的階乘結果是 = ", factorial(N))
```

執行結果

```
==================== RESTART: D:/Python/ch11/ch11_21.py ====================
請輸入階乘數 : 3
3  的階乘結果是 =  6
>>>
==================== RESTART: D:/Python/ch11/ch11_21.py ====================
請輸入階乘數 : 5
5  的階乘結果是  120
```

上述 factorial( ) 函數的終止條件是參數值為 1 的情況，由第 4 行判斷然後傳回 1，
下列是正整數為 3 時遞迴函數的情況解說。

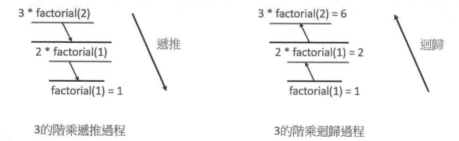

3的階乘遞推過程　　　　　　　　　3的階乘迴歸過程

習題實作題

1： 請設計一個絕對值 myabs( ) 函數，如果輸入 -5 傳回 5，如果輸入 5 傳回 5。(11-2 節)

```
==================== RESTART: D:\Python\ex\ex11_1.py ====================
請輸入數值 = -5
絕對值是  5
>>>
==================== RESTART: D:\Python\ex\ex11_1.py ====================
請輸入數值 = 5
絕對值是  5
```

2： 請設計可以執行 2 個數值運算的加法、減法、乘法、除法運算的小型計算機。(11-3 節)

```
================= RESTART: D:\Python\ex\ex11_2.py =================
請輸入第1個數字 = 10
請輸入第2個數字 = 5
請輸入運算子(+,-,*,/) : +
計算結果 =  15
>>>
================= RESTART: D:\Python\ex\ex11_2.py =================
請輸入第1個數字 = 10
請輸入第2個數字 = 5
請輸入運算子(+,-,*,/) : -
計算結果 =  5
>>>
================= RESTART: D:\Python\ex\ex11_2.py =================
請輸入第1個數字 = 10
請輸入第2個數字 = 5
請輸入運算子(+,-,*,/) : *
計算結果 =  50
>>>
================= RESTART: D:\Python\ex\ex11_2.py =================
請輸入第1個數字 = 10
請輸入第2個數字 = 5
請輸入運算子(+,-,*,/) : /
計算結果 =  2.0
>>>
================= RESTART: D:\Python\ex\ex11_2.py =================
請輸入第1個數字 = 10
請輸入第2個數字 = 5
請輸入運算子(+,-,*,/) : @
運算公式輸入錯誤
```

3： 請將上一題擴充為可以重複執行，每次運算結束會詢問是否繼續，如果輸入 Y 或 y，程式繼續，若是輸入其它字元程式會結束。(11-3 節)

```
================= RESTART: D:\Python\ex\ex11_3.py =================
請輸入第1個數字 = 10
請輸入第2個數字 = 5
請輸入運算子(+,-,*,/) : +
計算結果 =  15
是否繼續?(Y or y=繼續) : y
請輸入第1個數字 = 10
請輸入第2個數字 = 5
請輸入運算子(+,-,*,/) : /
計算結果 =  2.0
是否繼續?(Y or y=繼續) : q
```

4： 請重新設計 ch11_12.py，將程式改為製作 pizza，所以請將函數名稱改為 make_pizze 第一個參數改為 pizza 的尺寸，然後請至 pizza 店實際選擇 5 種配料。(11-5 節)

```
================= RESTART: D:\Python\ex\ex11_4.py =================
這個   5  吋Pizza所加配料如下
---   海鮮
這個   7  吋Pizza所加配料如下
---   蔬菜
---   辛香料
---   香菇
---   起司
---   海鮮
```

5： 請設計一個函數 isPalindrome(n)，這個函數可以判斷所輸入的數值，是不是回文 (Palindrome) 數字，回文數字的條件是從左讀或是從右讀皆相同。例如：22,232,556655, … , 皆算是回文數字。(11-8 節)

```
===================== RESTART: D:/Python/ex/ex11_5.py =====================
請輸入1個數值 = 22
這是回文數
>>>
===================== RESTART: D:/Python/ex/ex11_5.py =====================
請輸入1個數值 = 232
這是回文數
>>>
===================== RESTART: D:/Python/ex/ex11_5.py =====================
請輸入1個數值 = 172
這不是回文數
>>>
===================== RESTART: D:/Python/ex/ex11_5.py =====================
請輸入1個數值 = 556655
這是回文數
```

6： Fibonacci 數列的起源最早可以追朔到 1150 年印度數學家 Gopala，在西方最早研究這個數列的是義大利科學家費波納茲李奧納多 (Leonardo Fibonacci)，主要是描述兔子生長時使用此數列，後來人們將此數列簡稱費式數列。

請設計函數 fib(n)，產生前 n 個費式數列 Fibonacci 數字，n 由螢幕輸入，fib(n) 的 n 主要是此數列的索引，費式數列數字的規則如下：(11-8 節)

$F_0 = 0$ # 索引是 0

$F_1 = 1$ # 索引是 1

…

$F_n = F_{n-1} + F_{n-2}$ (n >= 2)   # 索引是 n

最後值應該是 0, 1, 1, 2, 3, 5, 8, 13, 21, 34, …

```
===================== RESTART: D:/Python/ex/ex11_6.py =====================
請輸入 n 值 = 10
fib(0) = 0
fib(1) = 1
fib(2) = 1
fib(3) = 2
fib(4) = 3
fib(5) = 5
fib(6) = 8
fib(7) = 13
fib(8) = 21
fib(9) = 34
```

7： 以遞迴觀念重新設計 Fibonacci 數列，執行結果可以參考前一題。(11-8 節)

第十二章

類別－物件導向

　　Python 其實是一種物件導向 (Object Oriented Programming) 的程式語言，在物件導向的觀念中，Python 允許程式設計師自創資料類型，這種自創的資料類型就是本章的主題類別 (class)。

　　設計程式時可以將世間萬物分組歸類，然後使用類別 (class) 定義你的分類，由於這是一本最初入門的 Python 書籍，本書將只講解最基本的觀念，讓讀者了解如何呼叫類別內的方法 (method)，方便和前面內容相呼應。

12-1 類別的定義

類別的語法定義如下：

```
class Classname( )            # 類別名稱第一個字母建議是大寫
    statement1
    …
    statementn
```

本節將以銀行為例，說明最基本的類別觀念。

程式實例 ch12_1.py：Banks 的類別定義。

```
1  # ch12_1.py
2  class Banks():
3      # 定義銀行類別
4      title = 'Taipei Bank'      # 定義屬性
5      def motto(self):           # 定義方法
6          return "以客為尊"
```

執行結果 這個程式沒有輸出結果。

　　對上述程式而言，Banks 是類別名稱，在這個類別中筆者定義了一個屬性 (attribute) title 與一個方法 (method)motto。

　　在類別內定義方法 (method) 的方式與第 11 章定義函數的方式相同，在原始 Python 官方文件稱此為方法 (method)。

　　不過也有許多人直接稱它為函數 (function)。

　　在一般程式設計時我們可以隨時呼叫函數，但是只有屬於該類別的物件 (object) 才可呼叫該類別的方法。

12-2 類別的屬性與方法

若是想操作類別的屬性與方法首先須宣告該類別的物件 (object) 變數，可以簡稱物件，然後使用下列方式操作。

    object. 類別的屬性
    object. 類別的方法 ( )

程式實例 ch12_2.py：擴充 ch12_1.py，列出銀行名稱與服務宗旨。

```
1  # ch12_2.py
2  class Banks():
3      # 定義銀行類別
4      title = 'Taipei Bank'          # 定義屬性
5      def motto(self):               # 定義方法
6          return "以客為尊"
7
8  userbank = Banks()                 # 定義物件userbank
9  print("目前服務銀行是 ", userbank.title)
10 print("銀行服務理念是 ", userbank.motto())
```

執行結果
```
==================== RESTART: D:\Python\ch12\ch12_2.py ====================
目前服務銀行是  Taipei Bank
銀行服務理念是   以客為尊
```

從上述執行結果可以發現我們成功地存取了 Banks 類別內的屬性與方法了。上述程式觀念是，程式第 8 行定義了 userbank 當作是 Banks 類別的物件，然後使用 userbank 物件讀取了 Banks 類別內的 title 屬性與 motto( ) 方法。這個程式主要是列出 title 屬性值與 motto( ) 方法傳回的內容。

12-3 專題　解說函數與方法

當讀者瞭解了上述觀念後應該可以了解函數與方法的區別，下列筆者再舉實例解說。例如：在 6-1-5 節，筆者稱 max( ) 是一個求最大值的函數，它的語法使用方式如下：

    data = [1, 2, 9]
    maxData = max(data)   # maxData 將是串列元素的最大值 9

在 6-2 節筆者筆者介紹了串列的方法，它的語法使用方式如下：

```
strN = "DeepStone"
strL = strN.lower( )                    # 最後 strL 將是字串的小寫 "deepstone"
```

strN.lower( ) 會傳回全部小寫的字串給 strL，在 Python 系統中字串已經被設計為一個類別，我們定義字串物件後，此例是 strN，就可以呼叫屬於字串的方法，lower( ) 其實是字串類別的一個方法。

經以上解說，讀者應該可以了解呼叫函數與方法的區別。

習題實作題

1： 設計一個類別 Myschool，這個類別包含屬性 title，這個類別也有一個 departments( ) 方法，屬性內容如下：(12-2 節)

　　title = " 明志科大 "
　　departments( ) 方法則是傳回串列 ["機械 ", "電機 ", "化工 "]

讀者需宣告一個 Myschool 物件，然後依下列方式列印訊息。

```
==================== RESTART: D:\Python\ex\ex12_1.py ====================
明志科大
機械
電機
化工
```

第十三章

設計與應用模組

　　第 11 章筆者介紹了函數 (function)，第 12 章筆者介紹了類別 (class)，其實在大型計畫的程式設計中，每個人可能只是負責一小功能的函數或類別設計，為了可以讓團隊的其他人可以互相分享設計成果，最後每個人所負責的功能函數或類別將儲存在模組 (module) 中，然後供團隊其他成員使用。在網路上或國外的技術文件常可以看到有的文章將模組 (module) 稱為套件 (package)，意義是一樣的。

　　本章筆者將講解將自己所設計的函數或類別儲存成模組然後加以引用，最後也將講解 Python 常用的內建模組。Python 最大的優勢是免費資源，因此有許多公司使用它開發了許多功能強大的模組，在筆者所著 "Python 入門邁向頂尖高手之路王者歸來 " 有許多這類的應用。

13-1 將自建的函數儲存在模組中

　　一個大型程式一定是由許多的函數或類別所組成，為了讓程式的工作可以分工以及增加程式的可讀性，我們可以將所建的函數或類別儲存成模組 (module) 形式的獨立文件，未來再加以呼叫引用。

13-1-1　先前準備工作

　　假設有一個程式內容是用於建立冰淇淋 (ice cream) 與飲料 (drink)，如下所示：

程式實例 ch13_1.py：這個程式基本上是擴充 ch11_11.py，再增加建立飲料的函數 make_drink( )。

```
1   # ch13_1.py
2   def make_icecream(*toppings):
3       # 列出製作冰淇淋的配料
4       print("這個冰淇淋所加配料如下")
5       for topping in toppings:
6           print("--- ", topping)
7
8   def make_drink(size, drink):
9       # 輸入飲料規格與種類,然後輸出飲料
10      print("所點飲料如下")
11      print("--- ", size.title())
12      print("--- ", drink.title())
13
14  make_icecream('草莓醬')
15  make_icecream('草莓醬', '葡萄乾', '巧克力碎片')
16  make_drink('large', 'coke')
```

執行結果

```
==================== RESTART: D:\Python\ch13\ch13_1.py ====================
這個冰淇淋所加配料如下
---   草莓醬
這個冰淇淋所加配料如下
---   草莓醬
---   葡萄乾
---   巧克力碎片
所點飲料如下
---   Large
---   Coke
```

假設我們會常常需要在其它程式呼叫 make_icecream( ) 和 make_drink( )，此時可以考慮將這 2 個函數建立成模組 (module)，未來可以供其它程式呼叫使用。

13-1-2　建立函數內容的模組

模組的副檔名與 Python 程式檔案一樣是 py，對於程式實例 ch13_1.py 而言，我們可以只保留 make_icecream( ) 和 make_drink( )。

程式實例 makefood.py：使用 ch13_1.py 建立一個模組，此模組名稱是 makefood.py。

```
1   # makefood.py
2   # 這是一個包含2個函數的模組(module)
3   def make_icecream(*toppings):
4       # 列出製作冰淇淋的配料
5       print("這個冰淇淋所加配料如下")
6       for topping in toppings:
7           print("--- ", topping)
8
9   def make_drink(size, drink):
10      # 輸入飲料規格與種類,然後輸出飲料
11      print("所點飲料如下")
12      print("--- ", size.title())
13      print("--- ", drink.title())
```

執行結果　由於這不是一般程式所以沒有任何執行結果。

現在我們已經成功地建立模組 makefood.py 了。

13-2　應用自己建立的函數模組

有幾種方法可以應用函數模組，下列將分成 3 小節說明。

13-2-1　import 模組名稱

要導入 13-1-2 節所建的模組，只要在程式內加上下列簡單的語法即可：

import 模組名稱　　　　　　# 導入模組

若以 13-1-2 節的實例，只要在程式內加上下列簡單的語法即可：

import makefood

程式中要引用模組的函數語法如下：

模組名稱 . 函數名稱　　　　　# 模組名稱與函數名稱間有小數點 "."

程式實例 ch13_2.py：實際導入模組 makefood.py 的應用。

```
1  # ch13_2.py
2  import makefood              # 導入模組makefood.py
3
4  makefood.make_icecream('草莓醬')
5  makefood.make_icecream('草莓醬', '葡萄乾', '巧克力碎片')
6  makefood.make_drink('large', 'coke')
```

執行結果　與 ch13_1.py 相同。

13-2-2　導入模組內特定單一函數

如果只想導入模組內單一特定的函數，可以使用下列語法：

from 模組名稱 import 函數名稱

未來程式引用所導入的函數時可以省略模組名稱。

程式實例 ch13_3.py：這個程式只導入 makefood.py 模組的 make_icecream( ) 函數，所以程式第 4 和 5 行執行沒有問題，但是執行程式第 6 行時就會產生錯誤。

```
1  # ch13_3.py
2  from makefood import make_icecream  # 導入模組makefood.py的函數make_icecream
3
4  make_icecream('草莓醬')
5  make_icecream('草莓醬', '葡萄乾', '巧克力碎片')
6  make_drink('large', 'coke')              # 因為沒有導入此函數所以會產生錯誤
```

執行結果

```
==================== RESTART: D:\Python\ch13\ch13_3.py ====================
這個冰淇淋所加配料如下
---    草莓醬
這個冰淇淋所加配料如下
---    草莓醬
---    葡萄乾
---    巧克力碎片
Traceback (most recent call last):
  File "D:\Python\ch13\ch13_3.py", line 6, in <module>
    make_drink('large', 'coke')       # 因為沒有導入此函數所以會產生錯誤
NameError: name 'make_drink' is not defined
```

13-2-3 導入模組內多個函數

如果想導入模組內多個函數時，函數名稱間需以逗號隔開，語法如下：

from 模組名稱 import 函數名稱 1, 函數名稱 2, … , 函數名稱 n

程式實例 ch13_4.py：重新設計 ch13_3.py，增加導入 make_drink( ) 函數。

```
1   # ch13_4.py
2   # 導入模組makefood.py的make_icecream和make_drink函數
3   from makefood import make_icecream, make_drink
4
5   make_icecream('草莓醬')
6   make_icecream('草莓醬', '葡萄乾', '巧克力碎片')
7   make_drink('large', 'coke')
```

執行結果   與 ch13_1.py 相同。

13-2-4 導入模組所有函數

如果想導入模組內所有函數時，語法如下：

from 模組名稱 import *

程式實例 ch13_5.py：導入模組所有函數的應用。

```
1   # ch13_5.py
2   from makefood import *        # 導入模組makefood.py所有函數
3
4   make_icecream('草莓醬')
5   make_icecream('草莓醬', '葡萄乾', '巧克力碎片')
6   make_drink('large', 'coke')
```

執行結果：與 ch13_1.py 相同。

13-3 隨機數 random 模組

所謂的隨機數是指平均散佈在某區間的數字，隨機數其實用途很廣，最常見的應用是設計遊戲時可以控制輸出結果，其實賭場的吃角子老虎機器就是靠它賺錢。這節筆者將介紹幾個 random 模組中最有用的 7 個方法，同時也會分析賭場賺錢的利器。

函數名稱	說明
randint(x, y)	產生 x（含）到 y（含）之間的隨機整數
random( )	產生 0（含）到 1（不含）之間的隨機浮點數
uniform(x, y)	產生 x（含）到 y（不含）之間的隨機浮點數
choice(串列)	可以在串列中隨機傳回一個元素
shuffle(串列)	將串列元素重新排列
sample(串列 , 數量)	隨機傳回第 2 個參數數量的串列元素
seed(x)	X 是種子值，未來每次可以產生相同的隨機數

程式執行前需要先導入此模組。

```
import random
```

13-3-1　randint( )

這個方法可以隨機產生指定區間的整數，它的語法如下：

```
randint(x, y)                    # 可以產生 x( 含 ) 與 y( 不含 ) 之間的整數值
```

程式實例 ch13_6.py：猜數字遊戲，這個程式首先會用 randint( ) 方法產生一個 1 到 10 之間的數字，然後如果猜的數值太小會要求猜大一些，然後如果猜的數值太大會要求猜小一些，最後列出猜了幾次才答對。

```python
1   # ch13_6.py
2   import random                      # 導入模組random
3
4   min, max = 1, 10
5   ans = random.randint(min, max)     # 隨機數產生答案
6   while True:
7       yourNum = int(input("請猜1-10之間數字: "))
8       if yourNum == ans:
9           print("恭喜!答對了")
10          break
```

```
11        elif yourNum < ans:
12            print("請猜大一些")
13        else:
14            print("請猜小一些")
```

執行結果

```
工程式目1
主程式間2I0-1難對主: 6
請一大猜
主程式間2I0-1難對主: 8
請一大猜
主程式間2I0-1難對主: 2
==================== RESTART: D:/bγfγou/ch13/ch13_6.pγ ====================
```

　　一般賭場的機器其實可以用隨機數控制輸贏，例如：某個猜大小機器，一般人以為猜對率是 50%，但是只要控制隨機數賭場可以直接控制輸贏比例。

程式實例 ch13_7.py：這是一個猜大小的遊戲，程式執行初可以設定莊家的輸贏比例，程式執行過程會立即回應是否猜對。

```
1    # ch13_7.py
2    import random                              # 導入模組random
3
4    min, max = 1, 100                          # 隨機數最小與最大值設定
5    winPercent = int(input("請輸入莊家贏的比率(0-100)之間 :"))
6
7    while True:
8        print("猜大小遊戲: L或l表示大，  S或s表示小, Q或q則程式結束")
9        customerNum = input("= ")              # 讀取玩家輸入
10       if customerNum == 'Q' or customerNum == 'q':       # 若輸入Q或q
11           break                              # 程式結束
12       num = random.randint(min, max)    # 產生是否讓玩家答對的隨機數
13       if num > winPercent:                   # 隨機數在此區間回應玩家猜對
14           print("恭喜!答對了\n")
15       else:                                  # 隨機數在此區間回應玩家猜錯
16           print("答錯了!請再試一次\n")
```

執行結果

```
==================== RESTART: D:\Python\ch13\ch13_7.py ====================
請輸入莊家贏的比率(0-100)之間 :80
猜大小遊戲: L或l表示大，  S或s表示小, Q或q則程式結束
= s
答錯了!請再試一次

猜大小遊戲: L或l表示大，  S或s表示小, Q或q則程式結束
= l
答錯了!請再試一次

猜大小遊戲: L或l表示大，  S或s表示小, Q或q則程式結束
= q
```

　　這個程式的關鍵點 1 是程式第 5 行，莊家可以在程式起動時先設定贏的比率。第 2 個關鍵點是程式第 12 行產生的隨機數，由 1-100 的隨機數決定玩家是贏或輸，猜大小只是晃子。例如：莊家剛開始設定贏的機率是 80%，相當於如果隨機數是在 81-100 間算玩家贏，如果隨機數是 1-80 算玩家輸。

13-3-2　random( )

　　random( ) 可以隨機產生 0.0(含)- 1.0 之間的隨機浮點數。

程式實例 ch13_8.py：產生 5 筆 0.0 – 1.0 之間的隨機浮點數。

```
1   # ch13_8.py
2   import random
3
4   for i in range(5):
5       print(random.random())
```

執行結果
```
==================== RESTART: D:/Python/ch13/ch13_8.py ====================
0.8495142247951685
0.056740689016119505
0.9337067266426238
0.31399619358070485
0.9543910514193237
```

13-3-3　uniform( )

　　uniform( ) 可以隨機產生 (x,y) 之間的浮點數，它的語法格式如下。

uniform(x,y)

　　x 是隨機數最小值，包含 x 值。Y 是隨機數最大值，不包含該值。

程式實例 ch13_9.py：產生 5 筆 0-10 之間隨機浮點數的應用。

```
1   # ch13_9.py
2   import random                        # 導入模組random
3
4   for i in range(5):
5       print("uniform(1,10) : ", random.uniform(1, 10))
```

執行結果
```
==================== RESTART: D:/Python/ch13/ch13_9.py ====================
uniform(1,10) :   6.149573560774364
uniform(1,10) :   4.977693180574885
uniform(1,10) :   1.7136404683186748
uniform(1,10) :   3.650438097307334
uniform(1,10) :   9.956032144594241
```

13-3-4　choice( )

這個方法可以讓我們在一個串列 (list) 中隨機傳回一個元素。

程式實例 ch13_10.py：有一個水果串列，使用 choice( ) 方法隨機選取一個水果。

```
1   # ch13_10.py
2   import random                        # 導入模組random
3
4   fruits = ['蘋果', '香蕉', '西瓜', '水蜜桃', '百香果']
5   print(random.choice(fruits))
```

執行結果　下列是程式執行 2 次的執行結果。

```
==================== RESTART: D:\Python\ch13\ch13_10.py ====================
西瓜
>>>
==================== RESTART: D:\Python\ch13\ch13_10.py ====================
蘋果
```

程式實例 ch13_11.py：骰子有 6 面點數是 1-6 區間，這個程式會產生 10 次 1-6 之間的值。

```
1   # ch13_11.py
2   import random                        # 導入模組random
3
4   for i in range(10):
5       print(random.choice([1,2,3,4,5,6]), end=",")
```

執行結果
```
==================== RESTART: D:\Python\ch13\ch13_11.py ====================
1,5,1,6,3,1,2,2,4,2,
```

13-3-5　shuffle( )

這個方法可以將串列元素重新排列，如果你欲設計樸克牌 (Porker) 遊戲，在發牌前可以使用這個方法將牌打亂重新排列。

程式實例 ch13_12.py：將串列內的樸克牌次序打亂，然後重新排列。

```
1  # ch13_12.py
2  import random                      # 導入模組random
3
4  porker = ['2', '3', '4', '5', '6', '7', '8',
5            '9', '10', 'J', 'Q', 'K', 'A']
6  for i in range(3):
7      random.shuffle(porker)          # 將次序打亂重新排列
8      print(porker)
```

執行結果
```
==================== RESTART: D:\Python\ch13\ch13_12.py ====================
['K', '10', '3', '8', 'Q', '9', '4', 'A', '6', 'J', '5', '2', '7']
['4', '9', 'Q', '5', '3', '7', '8', '6', '10', 'A', 'J', 'K', '2']
['10', '5', '4', 'Q', '8', 'A', '3', 'K', '9', '6', 'J', '2', '7']
```

將串列元素打亂，很適合老師出防止作弊的考題，例如：如果有 50 位學生，為了避免學生有偷窺鄰座的考卷，建議可以將出好的題目處理成串列，然後使用 for 迴圈執行 50 次 shuffle( )，這樣就可以得到 50 份考題相同但是次序不同的考卷。

13-3-6　sample( )

sample( ) 它的語法如下：

sample(串列, 數量)

可以隨機傳回第 2 個參數數量的串列元素。

程式實例 ch13_13.py：設計大樂透彩卷號碼，大樂透號碼是由 6 個 1-49 數字組成，然後外加一個特別號，這個程式會產生 6 個號碼以及一個特別號。

```
1  # ch13_13.py
2  import random                          # 導入模組random
3
4  lotterys = random.sample(range(1,50), 7)   # 7組號碼
5  specialNum = lotterys.pop()            # 特別號
6
7  print("第xxx期大樂透號碼 ", end="")
8  for lottery in sorted(lotterys):        # 排序列印大樂透號碼
9      print(lottery, end=" ")
10 print("\n特別號:%d" % specialNum)        # 列印特別號
```

執行結果

```
==================== RESTART: D:\Python\ch13\ch13_13.py ====================
第xxx期大樂透號碼 9 15 20 34 41 42
特別號:22
```

13-3-7 seed( )

使用 random.randint( ) 方法每次產生的隨機數皆不相同，例如：若是重複執行
ch13_8.py，可以看到每次皆是不一樣的 5 個隨機數。

在人工智慧應用，我們希望每次執行程式皆可以產生相同的隨機數做測試，此時
可以使用 random 模組的 seed(x) 方法，其中參數 x 是種子值，例如設定 x=5，當設此
種子值後，未來每次使用隨機函數，例如：randint( )、random( )，產生隨機數時，都
可以得到相同的隨機數。

程式實例 ch13_14.py：改良 ch13_8.py，在第 3 行增加 random.seed(5) 種子值設定，
每次執行皆可以產生相同系列的隨機數。

```
1  # ch13_14.py
2  import random
3  random.seed(5)
4  for i in range(5):
5      print(random.random())
```

執行結果

```
==================== RESTART: D:/Python/ch13/ch13_14.py ====================
0.6229016948897019
0.7417869892607294
0.7951935655656966
0.9424502837770503
0.7398985747399307
>>>
==================== RESTART: D:/Python/ch13/ch13_14.py ====================
0.6229016948897019
0.7417869892607294
0.7951935655656966
0.9424502837770503
0.7398985747399307
```

13-4 時間 time 模組

程式設計時常需要時間資訊，例如：計算某段程式執行所需時間或是獲得目前系統時間，下表是時間模組常用的函數說明。

函數名稱	說明
time( )	可以傳回自 1970 年 1 月 1 日 00:00:00AM 以來的秒數
sleep(n)	可以讓工作暫停 n 秒
asctime( )	列出可以閱讀方式的目前系統時間
localtime( )	可以返回目前時間的結構資料
ctime( )	與 localtime( ) 相同，不過回傳的是字串
clock( )	取得程式執行的時間 --- 舊版，未來不建議使用
process_time( )	取得程式執行的時間 --- 新版

使用上述時間模組時，需要先導入此模組。

```
import time
```

13-4-1 time( )

time( ) 方法可以傳回自 1970 年 1 月 1 日 00:00:00AM 以來的秒數，初看好像用處不大，其實如果你想要掌握某段工作所花時間則是很有用，例如：若應用在程式實例 ch13_6.py，你可以用它計算猜數字所花時間。

程式實例 ch13_15.py：擴充 ch13_6.py 的功能，主要是增加計算花多少時間猜對數字。

```python
1  # ch13_15.py
2  import random                      # 導入模組random
3  import time                        # 導入模組time
4
5  min, max = 1, 10
6  ans = random.randint(min, max)     # 隨機數產生答案
7  yourNum = int(input("請猜1-10之間數字: "))
8  starttime = int(time.time())       # 起始秒數
9  while True:
10     if yourNum == ans:
11         print("恭喜!答對了")
12         endtime = int(time.time())  # 結束秒數
13         print("所花時間: ", endtime - starttime, " 秒")
14         break
```

```
15      elif yourNum < ans:
16          print("請猜大一些")
17      else:
18          print("請猜小一些")
19      yourNum = int(input("請猜1-10之間數字: "))
```

執行結果
```
==================== RESTART: D:\Python\ch13\ch13_15.py ====================
請猜1-10之間數字: 5
請猜小一些
請猜1-10之間數字: 3
請猜小一些
請猜1-10之間數字: 1
恭喜!答對了
所花時間:  4  秒
```

❏ Python 寫作風格 (Python Enhancement Proposals) - PEP 8

上述程式第 2 和 3 行導入模組 random 和 time，筆者分兩行導入，這是符合 PEP 8 的風格，如果寫成一行就不符合 PEP 8 風格。

```
import random, time                    # 不符合 PEP 8 風格
```

13-4-2　sleep( )

sleep( ) 方法可以讓工作暫停，這個方法的參數單位是秒。這個方法對於設計動畫非常有幫助。

程式實例 ch13_16.py：每秒列印一次串列的內容。

```
1  # ch13_16.py
2  import time                          # 導入模組time
3
4  fruits = ['蘋果', '香蕉', '西瓜', '水蜜桃', '百香果']
5  for fruit in fruits:
6      print(fruit)
7      time.sleep(1)                    # 暫停1秒
```

執行結果
```
==================== RESTART: D:\Python\ch13\ch13_16.py ====================
蘋果
香蕉
西瓜
水蜜桃
百香果
```

13-4-3　asctime( )

這個方法會以可以閱讀方式列出目前系統時間。

程式實例 ch13_17.py：列出目前系統時間。

```
1  # ch13_17.py
2  import time                          # 導入模組time
3
4  print(time.asctime())                # 列出目前系統時間
```

執行結果

```
==================== RESTART: D:\Python\ch13\ch13_17.py ====================
Tue Apr 14 00:43:14 2020
```

13-4-4　localtime( )

這個方法可以返回元組 (tuple) 的日期與時間結構資料，所返回的結構可以用索引方式獲得個別內容。

索引	名稱	說明
0	tm_year	西元的年，例如：2020
1	tm_mon	月份，值在 1 – 12 間
2	tm_mday	日期，值在 1 – 31 間
3	tm_hour	小時，值在 0 – 23 間
4	tm_min	分鐘，值在 0 – 59 間
5	tm_sec	秒鐘，值在 0 – 59 間
6	tm_wday	星期幾的設定，0 代表星期一，1 代表星期 2
7	tm_yday	代表這是一年中的第幾天
8	tm_isdst	夏令時間的設定，0 代表不是，1 代表是

程式實例 ch13_18.py：是使用 localtime( ) 方法列出目前時間的結構資料，同時使用索引列出個別內容，第 7 行則是用物件名稱方式顯示西元年份。

```
1  # ch13_18.py
2  import time                          # 導入模組time
3
4  xtime = time.localtime()
5  print(xtime)                         # 列出目前系統時間
6  print("年 ", xtime[0])
7  print("年 ", xtime.tm_year)          # 物件設定方式顯示
8  print("月 ", xtime[1])
```

```
 9  print("日 ", xtime[2])
10  print("時 ", xtime[3])
11  print("分 ", xtime[4])
12  print("秒 ", xtime[5])
13  print("星期幾    ", xtime[6])
14  print("第幾天    ", xtime[7])
15  print("夏令時間 ", xtime[8])
```

執行結果
```
==================== RESTART: D:\Python\ch13\ch13_18.py ====================
time.struct_time(tm_year=2020, tm_mon=4, tm_mday=14, tm_hour=1, tm_min=0, tm_sec
=49, tm_wday=1, tm_yday=105, tm_isdst=0)
年   2020
年   2020
月   4
日   14
時   1
分   0
秒   49
星期幾    1
第幾天    105
夏令時間 0
```

13-4-5 ctime( )

與 localtime( ) 相同，不過回傳的是字串，格式如下：

星期 月份 日期 時：分：秒 西元年

回傳的字串是用英文表達，星期與月份是英文縮寫。

程式實例 ch13_19.py：以字串顯示日期與時間。

```
1  # ch13_19.py
2  import time                       # 導入模組time
3
4  print(time.ctime())
```

執行結果
```
==================== RESTART: D:/Python/ch13/ch13_19.py ====================
Tue Apr 14 01:13:32 2020
```

13-4-6 clock( ) 和 process_time( )

取得程式執行的時間，第一次呼叫時是傳回程式開始執行到執行 clock( ) 歷經的時間，第二次以後的呼叫則是說明與第一次呼叫 clock( ) 間隔的時間。這個 clock( ) 的時間計算會排除 CPU 沒有運作時的時間，例如：ch13_15.py 在等待使用者輸入的時間就不會被計算。

程式實例 ch13_20.py：擴充設計 ch7_20.py，增加每 10 萬次，列出所需時間，讀者需留意，每台電腦所需時間不同。

```
1  # ch13_20.py
2  import time
3  x = 1000000
4  pi = 0
5  time.clock()
6  for i in range(1,x+1):
7      pi += 4*((-1)**(i+1) / (2*i-1))
8      if i != 1 and i % 100000 == 0:        # 隔100000執行一次
9          e_time = time.clock()
10         print("當 i={:7d} 時 PI={:8.7f}, 所花時間={}".format(i, pi, e_time))
```

執行結果

```
==================== RESTART: D:\Python\ch13\ch13_20.py ====================
Warning (from warnings module):
  File "D:\Python\ch13\ch13_20.py", line 5
    time.clock()
DeprecationWarning: time.clock has been deprecated in Python 3.3 and will be rem
oved from Python 3.8: use time.perf_counter or time.process_time instead

Warning (from warnings module):
  File "D:\Python\ch13\ch13_20.py", line 9
    e_time = time.clock()
DeprecationWarning: time.clock has been deprecated in Python 3.3 and will be rem
oved from Python 3.8: use time.perf_counter or time.process_time instead
當 i= 100000 時 PI=3.1415827, 所花時間=0.6526388
當 i= 200000 時 PI=3.1415877, 所花時間=0.8194673
當 i= 300000 時 PI=3.1415893, 所花時間=0.9972458
當 i= 400000 時 PI=3.1415902, 所花時間=1.1702767
當 i= 500000 時 PI=3.1415907, 所花時間=1.4038443
當 i= 600000 時 PI=3.1415910, 所花時間=1.6242498
當 i= 700000 時 PI=3.1415912, 所花時間=1.802606
當 i= 800000 時 PI=3.1415914, 所花時間=1.9734615
當 i= 900000 時 PI=3.1415915, 所花時間=2.153973
當 i=1000000 時 PI=3.1415917, 所花時間=2.3756898
```

　　上述程式在執行時告知，從 Python 3.3 版開始，建議使用 perf_counter( ) 或是 process_time( ) 方法，其實這在 Python 很常見，模組在改版時，可能有些方法會調整，舊的方法不建議使用。

程式實例 ch13_21.py：使用 process_time( ) 取代 clock( ) 重新設計 ch13_20.py。

```
1  # ch13_21.py
2  import time
3  x = 1000000
4  pi = 0
5  time.process_time()
6  for i in range(1,x+1):
7      pi += 4*((-1)**(i+1) / (2*i-1))
8      if i != 1 and i % 100000 == 0:        # 隔100000執行一次
```

```
 9          e_time = time.process_time()
10          print("當 i={:7d} 時 PI={:8.7f}, 所花時間={}".format(i, pi, e_time))
```

執行結果　與 ch13_20.py 相同。

13-5　日期 calendar 模組

日期模組有一些日曆資料，可很方便使用，筆者將介紹幾個常用的方法。

函數名稱	說明
isleap(year)	列出某年是否潤年
month(year, month)	列出指定年和月份的月曆
calendar(year)	列出指定年的年曆

使用上述日期模組時，需要先導入此模組。

　　import calendar

13-5-1　列出某年是否潤年 isleap( )

如果是潤年傳回 True，否則傳回 False。

程式實例 ch13_22.py：分別列出 2020 年和 2021 年是否潤年。

```
1  # ch13_22.py
2  import calendar
3
4  print("2020年是否潤年", calendar.isleap(2020))
5  print("2021年是否潤年", calendar.isleap(2021))
```

執行結果
```
==================== RESTART: D:\Python\ch13\ch13_22.py ====================
2020年是否潤年 True
2021年是否潤年 False
```

13-5-2　印出月曆 month( )

這個方法完整的參數是 month(year,month)，可以列出指定年份月份的月曆。

程式實例 ch13_23.py：列出 2020 年 1 月的月曆。

```
1   # ch13_23.py
2   import calendar
3
4   print(calendar.month(2020,1))
```

執行結果

```
=================== RESTART: D:\Python\ch13\ch13_23.py ===================
     January 2020
Mo Tu We Th Fr Sa Su
        1  2  3  4  5
 6  7  8  9 10 11 12
13 14 15 16 17 18 19
20 21 22 23 24 25 26
27 28 29 30 31
```

13-5-3 印出年曆 calendar( )

這個方法完整的參數是 calendar(year)，可以列出指定年份的年曆。

程式實例 ch13_24.py：列出 2020 年的年曆。

```
1   # ch13_24.py
2   import calendar
3
4   print(calendar.calendar(2020))
```

執行結果

```
=================== RESTART: D:\Python\ch13\ch13_24.py ===================
                                    2020

        January                   February                   March
Mo Tu We Th Fr Sa Su      Mo Tu We Th Fr Sa Su      Mo Tu We Th Fr Sa Su
        1  2  3  4  5                     1  2                            1
 6  7  8  9 10 11 12       3  4  5  6  7  8  9       2  3  4  5  6  7  8
13 14 15 16 17 18 19      10 11 12 13 14 15 16       9 10 11 12 13 14 15
20 21 22 23 24 25 26      17 18 19 20 21 22 23      16 17 18 19 20 21 22
27 28 29 30 31           24 25 26 27 28 29         23 24 25 26 27 28 29
                                                   30 31

         April                       May                       June
Mo Tu We Th Fr Sa Su      Mo Tu We Th Fr Sa Su      Mo Tu We Th Fr Sa Su
        1  2  3  4  5                  1  2  3       1  2  3  4  5  6  7
 6  7  8  9 10 11 12       4  5  6  7  8  9 10       8  9 10 11 12 13 14
13 14 15 16 17 18 19      11 12 13 14 15 16 17      15 16 17 18 19 20 21
20 21 22 23 24 25 26      18 19 20 21 22 23 24      22 23 24 25 26 27 28
27 28 29 30              25 26 27 28 29 30 31      29 30

          July                     August                   September
Mo Tu We Th Fr Sa Su      Mo Tu We Th Fr Sa Su      Mo Tu We Th Fr Sa Su
        1  2  3  4  5                     1  2       1  2  3  4  5  6
 6  7  8  9 10 11 12       3  4  5  6  7  8  9       7  8  9 10 11 12 13
13 14 15 16 17 18 19      10 11 12 13 14 15 16      14 15 16 17 18 19 20
20 21 22 23 24 25 26      17 18 19 20 21 22 23      21 22 23 24 25 26 27
27 28 29 30 31           24 25 26 27 28 29 30      28 29 30
                         31

        October                   November                  December
Mo Tu We Th Fr Sa Su      Mo Tu We Th Fr Sa Su      Mo Tu We Th Fr Sa Su
           1  2  3  4                        1       1  2  3  4  5  6
 5  6  7  8  9 10 11       2  3  4  5  6  7  8       7  8  9 10 11 12 13
12 13 14 15 16 17 18       9 10 11 12 13 14 15      14 15 16 17 18 19 20
19 20 21 22 23 24 25      16 17 18 19 20 21 22      21 22 23 24 25 26 27
26 27 28 29 30 31        23 24 25 26 27 28 29      28 29 30 31
                         30
```

13-6 專題設計

13-6-1　認識賭場遊戲騙局

　　全球每一家賭場皆裝潢得很漂亮，各種噱頭讓我們想一窺內部。其實絕大部份的賭場有關電腦控制的機台皆是可以作弊的，讀者可以想想如果是依照 1:1 的比例輸贏，賭場那來的費用支付員工薪資、美麗的裝潢、…。在 ch13_7.py 筆者設計了賭大小的遊戲，程式開始即可以設定莊家的輸贏比例，在這種狀況玩家以為自己手氣背，其實非也，只是機台已被控制。

程式實例 ch13_25.py：這是 ch13_7.py 的擴充，剛開始玩家有 300 美金賭本，每次賭注是 100 美金，如果猜對賭金增加 100 美金，如果猜錯賭金減少 100 美金，賭金沒了，或是按 Q 或 q 則程式結束。

```
1   # ch13_25.py
2   import random                    # 導入模組random
3   money = 300                      # 賭金總額
4   bet = 100                        # 賭注
5   min, max = 1, 100                # 隨機數最小與最大值設定
6   winPercent = int(input("請輸入莊家贏的比率(0-100)之間 :"))
7
8   while True:
9       print("歡迎光臨 : 目前籌碼金額 %d 美金 " % money)
10      print("每次賭注 %d 美金 " % bet)
11      print("猜大小遊戲: L或l表示大， S或s表示小，Q或q則程式結束")
12      customerNum = input("= ")        # 讀取玩家輸入
13      if customerNum == 'Q' or customerNum == 'q':   # 若輸入Q或q
14          break                        # 程式結束
15      num = random.randint(min, max)   # 產生是否讓玩家答對的隨機數
16      if num > winPercent:             # 隨機數在此區間回應玩家猜對
17          print("恭喜!答對了\n")
18          money += bet                 # 賭金總額增加
19      else:                            # 隨機數在此區間回應玩家猜錯
20          print("答錯了!請再試一次\n")
21          money -= bet                 # 賭金總額減少
22      if money <= 0:
23          break
24
25  print("歡迎下次再來")
```

執行結果
```
==================== RESTART: D:\Python\ch13\ch13_25.py ====================
請輸入莊家贏的比率(0-100)之間 :90
歡迎光臨 : 目前籌碼金額 300 美金
每次賭注 100 美金
猜大小遊戲: L或l表示大,　S或s表示小, Q或q則程式結束
= l
答錯了!請再試一次

歡迎光臨 : 目前籌碼金額 200 美金
每次賭注 100 美金
猜大小遊戲: L或l表示大,　S或s表示小, Q或q則程式結束
= s
答錯了!請再試一次

歡迎光臨 : 目前籌碼金額 100 美金
每次賭注 100 美金
猜大小遊戲: L或l表示大,　S或s表示小, Q或q則程式結束
= l
答錯了!請再試一次

歡迎下次再來
```

13-6-2　蒙地卡羅模擬

我們可以使用蒙地卡羅模擬計算 PI 值，首先繪製一個外接正方形的圓，圓的半徑是 1。

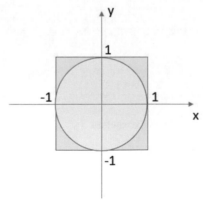

由上圖可以知道矩形面積是 4，圓面積是 PI。

如果我們現在要產生 1000000 個點落在方形內的點，可以由下列公式計算點落在圓內的機率：

圓面積 / 矩形面積 = PI / 4
落在圓內的點個數 (Hits) = 1000000 * PI / 4

如果落在圓內的點個數用 Hits 代替，則可以使用下列方式計算 PI。

PI = 4 * Hits / 1000000

程式實例 ch13_26.py：蒙地卡羅模擬隨機數計算 PI 值，這個程式會產生 100 萬個隨機點。

```
1   # ch13_26.py
2   import random
3
4   trials = 1000000
5   Hits = 0
6   for i in range(trials):
7       x = random.random() * 2 - 1      # x軸座標
8       y = random.random() * 2 - 1      # y軸座標
9       if x * x + y * y <= 1:           # 判斷是否在圓內
10          Hits += 1
11  PI = 4 * Hits / trials
12
13  print("PI = ", PI)
```

執行結果

```
==================== RESTART: D:/Python/ch13/ch13_26.py ====================
PI =  3.140524
```

習題實作題

1： 請擴充 makefood 模組，增加 make_noodle( ) 函數，這個函數的參數第一個是麵的種類，例如：牛肉麵、肉絲麵，… 等。第 2 到多個參數則是自選配料，然後參考 ch13_2.py 呼叫方式，產生結果。(13-2 節)

```
==================== RESTART: D:\Python\ex\ex13_1.py ====================
牛肉麵 的配料如下:
---     酸菜
---     辣醬
---     蔥花
肉絲麵 的配料如下:
---     辣醬
---     蔥花
```

2： 建立四則運算 MyMath 模組，然後建立程式導入此模組，然後呼叫此 MyMath 的 add( )、sub( )、mul( )、div( ) 函數。執行時可以輸入 1/2/3/4 選擇運算方式，然後輸入數值。(13-2 節)

```
==================== RESTART: D:\Python\ex\ex13_2.py ====================
請輸入運算
1:加法
2:減法
3:乘法
4:除法
輸入1/2/3/4: 1
a = 10
b = 5
a + b =  15
```

3：　請重新設計 ch13_6.py，將所猜數值改為 0-30 間，增加猜幾次才答對，若是輸入 Q 或 q，程式可直接結束。(13-3 節)

```
================= RESTART: D:\Python\ex\ex13_3.py =================
請猜1-30之間數字: 15
請猜小一些
請猜1-30之間數字: 8
請猜小一些
請猜1-30之間數字: 4
恭喜!答對了
總共猜測 3 次
>>>
================= RESTART: D:\Python\ex\ex13_3.py =================
請猜1-30之間數字: q
>>>
================= RESTART: D:\Python\ex\ex13_3.py =================
請猜1-30之間數字: Q
```

4：　大富翁遊戲每次可以擲 3 個骰子，請設計程式產生骰子結果，同時列出可以走幾步。(13-3 節)

```
================= RESTART: D:\Python\ex\ex13_4.py =================
[3, 1, 6], 可以走10步
```

5：　請重新設計 ch13_10.py，每執行一次即將輸出的水果從串列內刪除，每次接要列印目前 fruits 串列內容，直到 fruits 串列元素為無。(13-3 節)

```
================= RESTART: D:\Python\ex\ex13_5.py =================
執行前串列 ：  ['蘋果', '香蕉', '西瓜', '水蜜桃', '百香果']
刪除 ： 水蜜桃
目前串列 ：  ['蘋果', '香蕉', '西瓜', '百香果']
刪除 ： 西瓜
目前串列 ：  ['蘋果', '香蕉', '百香果']
刪除 ： 蘋果
目前串列 ：  ['香蕉', '百香果']
刪除 ： 百香果
目前串列 ：  ['香蕉']
刪除 ： 香蕉
目前串列 ：  []
```

6：　重新設計 ch13_13.py，取得威力彩號碼，威力彩普通號與大樂透相同，但是特別號是介於 1-8 之間的數字，這個程式會先列出特別號再將一般號碼由小到大排列。(13-3 節)

```
================= RESTART: D:\Python\ex\ex13_6.py =================
第1000期威力彩號碼
特別號:5
12 26 34 38 42 49
```

7：　請重新設計 ch13_23.py，但是將年份和月份改為螢幕輸入。(13-5 節)

```
================= RESTART: D:\Python\ex\ex13_7.py =================
請輸入西元年 ： 2020
請輸入月份 ： 12
     December 2020
Mo Tu We Th Fr Sa Su
    1  2  3  4  5  6
 7  8  9 10 11 12 13
14 15 16 17 18 19 20
21 22 23 24 25 26 27
28 29 30 31
```

第十四章

檔案的讀取與寫入

本章筆者將講解使用 Python 處理 Windows 作業系統內檔案的讀取、寫入、編碼規則相關知識。

14-1 讀取檔案

Python 處理讀取或寫入檔案首先需將檔案開啟，然後可以接受一次讀取所有檔案內容或是一行一行讀取檔案內容。

14-1-1　開啟檔案 open( ) 與關閉檔案 close( )

open( ) 函數可以開啟一個檔案供讀取或寫入，如果這個函數執行成功，會傳回檔案匯流物件，這個函數的基本使用格式如下：

file_Obj = open(file, mode="r")　　　　　# 左邊只列出最常用的 2 個參數

❑ file

用字串列出欲開啟的檔案。

❑ mode

開啟檔案的模式，如果省略代表是 mode="r"，使用時如果 mode="w" 或其它，也可以省略 mode=，直接寫 "w"。也可以同時具有多項模式，例如："wb" 代表以二進位檔案開啟供寫入，可以是下列基本模式。下列是第一個字母的操作意義。

"r"：這是預設，開啟檔案供讀取 (read)。

"w"：開啟檔案供寫入，如果原先檔案有內容將被覆蓋。

"a"：開啟檔案供寫入，如果原先檔案有內容，新寫入資料將附加在後面。

"x"：開啟一個新的檔案供寫入，如果所開啟的檔案已經存在會產生錯誤。

下列是第二個字母的意義，代表檔案類型。

"b"：開啟二進位檔案模式。

"t"：開啟文字檔案模式，這是預設。

❑ file_Obj

這是檔案物件,讀者可以自行給予名稱,未來 print( ) 函數可以將輸出導向此物件,不使用時要關閉 "file_Obj.close( )",才可以返回作業系統的檔案管理員觀察執行結果。

Python 可以使用 open( ) 函數開啟檔案,檔案開啟後會傳回檔案物件,未來可用讀取此檔案物件方式讀取檔案內容。

其實使用 print( ) 時預設是將資料輸出至螢幕,也可以開啟檔案將資料輸出至檔案,這時的 print( ) 方法要增加參數 "file=xxx" 參數,xxx 是指使用 open( ) 方法所傳回的檔案物件。

程式實例 ch14_1.py:將資料輸出至檔案 out14_1.txt。

```
1  # ch14_1.py
2  fobj = open("out14_1.txt", "w")
3  print("明志科技大學", file=fobj)
4  fobj.close( )
```

執行結果   這個程式沒有螢幕輸出,不過可以在目前資料夾看到 out14_1.txt,開啟此檔案可以得到下列結果。

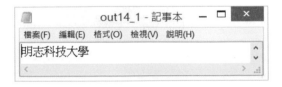

14-1-2 讀取整個檔案 read( )

檔案開啟後,可以使用 read( ) 讀取所開啟的檔案,使用 read( ) 讀取時,所有的檔案內容將以一個字串方式被讀取然後存入字串變數內,未來只要印此字串變數相當於可以列印整個檔案內容。

在公司網站本書資料夾的 ch14 資料夾有下列 data14_2.txt 檔案。

程式實例 ch14_2.py：讀取 data14_2.txt 檔案然後輸出，請讀者留意程式第 7 行，筆者使用列印一般變數方式就列印了整個檔案了。

```
1   # ch14_2.py
2
3   fn = 'data14_2.txt'          # 設定欲開啟的檔案
4   file_Obj =  open(fn)         # 用預設mode=r開啟檔案,傳回檔案物件file_Obj
5   data = file_Obj.read()       # 讀取檔案到變數data
6   file_Obj.close()            # 關閉檔案物件
7   print(data)                 # 輸出變數data相當於輸出檔案
```

執行結果

```
==================== RESTART: D:\Python\ch14\ch14_2.py ====================
深石數位
深度學習滴水穿石
Deep Learning

>>>
```

　　上述使用 open( ) 開啟檔案時，建議使用 close( ) 將檔案關閉可參考第 6 行，若是沒有關閉也許未來檔案內容會有不可預期的損害。

14-1-3　with 關鍵字

　　其實 Python 提供一個關鍵字 with，應用在開啟檔案與建立檔案物件時使用方式如下：

　　with open(欲開啟的檔案) as 檔案物件 :
　　　　相關系列指令

　　使用這種方式開啟檔案，最大特色是可以不必在程式中關閉檔案，with 指令會在結束不需要此檔案時自動將它關閉，檔案經 "with open( ) as 檔案物件 " 開啟後會有一個檔案物件，就可以使用前一節的 read( ) 讀取檔案此檔案物件的內容。

程式實例 ch14_3.py：使用 with 關鍵字重新設計 ch14_2.py。

```
1   # ch14_3.py
2
3   fn = 'data14_2.txt'                  # 設定欲開啟的檔案
4   with open(fn) as file_Obj:           # 用預設mode=r開啟檔案,傳回檔案物件file_Obj
5       data = file_Obj.read()           # 讀取檔案到變數data
6       print(data)                      # 輸出變數data相當於輸出檔案
```

執行結果 與 ch14_2.py 相同。

由於整個檔案是以字串方式被讀取與儲存，所以列印字串時最後一行的空白行也將顯示出來，不過我們可以使用 rstrip( ) 將 data 字串變數 (檔案) 末端的空白字元刪除。

程式實例 ch14_4.py：重新設計 ch14_3.py，但是刪除檔案末端的空白。

```
1   # ch14_4.py
2
3   fn = 'data14_2.txt'          # 設定欲開啟的檔案
4   with open(fn) as file_Obj:   # 用預設mode=r開啟檔案,傳回檔案物件file_Obj
5       data = file_Obj.read()   # 讀取檔案到變數data
6       print(data.rstrip())     # 輸出變數data相當於輸出檔案,同時刪除末端字元
```

執行結果

```
==================== RESTART: D:\Python\ch14\ch14_4.py ====================
深石數位
深度學習滴水穿石
Deep Learning
```

由執行結果可以看到檔案末端不再有空白行了。

14-1-4 逐行讀取檔案內容

在 Python 若想逐行讀取檔案內容，可以使用下列迴圈：

```
for line in file_Obj:           # line 和 fileObj 可以自行取名,file_Obj 是檔案物件
    迴圈相關系列指令
```

程式實例 ch14_5.py：逐行讀取和輸出檔案。

```
1   # ch14_5.py
2
3   fn = 'data14_2.txt'          # 設定欲開啟的檔案
4   with open(fn) as file_Obj:   # 用預設mode=r開啟檔案,傳回檔案物件file_Obj
5       for line in file_Obj:    # 逐行讀取檔案到變數line
6           print(line)          # 輸出變數line相當於輸出一行
```

執行結果

```
==================== RESTART: D:\Python\ch14\ch14_5.py ====================
深石數位

深度學習滴水穿石

Deep Learning

>>>
```

因為以記事本編輯的 data14_2.txt 文字檔每行末端有換行符號，同時 print( ) 在輸出時也有一個換行輸出的符號，所以才會得到上述每行輸出後有空一行的結果。

程式實例 ch14_6.py：重新設計 ch14_5.py，但是刪除每行末端的換行符號。

```
1   # ch14_6.py
2
3   fn = 'data14_2.txt'              # 設定欲開啟的檔案
4   with open(fn) as file_Obj:      # 用預設mode=r開啟檔案,傳回檔案物件file_Obj
5       for line in file_Obj:       # 逐行讀取檔案到變數line
6           print(line.rstrip())    # 輸出變數line相當於輸出一行,同時刪除末端字元
```

執行結果

```
==================== RESTART: D:\Python\ch14\ch14_6.py ====================
深石數位
深度學習滴水穿石
Deep Learning
```

14-1-5　逐行讀取使用 readlines( )

使用 with 關鍵字配合 open( ) 時，所開啟的檔案物件目前只在 with 區塊內使用，適用在特別是想要遍歷此檔案物件時。Python 另外有一個方法 readlines( ) 可以逐行讀取，同時以串列方式儲存，另一個特色是讀取時每行的換行字元皆會儲存在串列內。當然更重要的是我們可以在 with 區塊外遍歷原先檔案物件內容。

在本公司網站本書資料夾的 ch14 資料夾有下列 data14_7.txt 檔案。

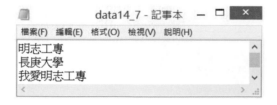

程式實例 ch14_7.py：使用 readlines( ) 逐行讀取 data14_7.txt，存入串列，然後列印此串列的結果。

```
1   # ch14_7.py
2
3   fn = 'data14_7.txt'             # 設定欲開啟的檔案
4   with open(fn) as file_Obj:      # 用預設mode=r開啟檔案,傳回檔案物件file_Obj
5       obj_list = file_Obj.readlines()   # 每次讀一行
6
7   print(obj_list)                 # 列印串列
```

執行結果

```
==================== RESTART: D:\Python\ch14\ch14_7.py ====================
['明志工專\n', '長庚大學\n', '我愛明志工專\n']
```

由上述執行結果可以看到在 txt 檔案的換行字元也出現在串列元素內。

程式實例 ch14_8.py：逐行輸出 ch14_7.py 所保存的串列內容。

```
1   # ch14_8.py
2
3   fn = 'data14_7.txt'          # 設定欲開啟的檔案
4   with open(fn) as file_Obj:   # 用預設mode=r開啟檔案,傳回檔案物件file_Obj
5       obj_list = file_Obj.readlines()   # 每次讀一行
6
7   for line in obj_list:
8       print(line.rstrip())     # 列印串列
```

執行結果
```
==================== RESTART: D:\Python\ch14\ch14_8.py ====================
明志工專
長庚大學
我愛明志工專
```

14-2 寫入檔案

程式設計時一定會碰上要求將執行結果保存起來,此時就可以使用將執行結果存入檔案內。

14-2-1 將執行結果寫入空的文件內

開啟檔案 open( ) 函數使用時預設是 mode='r' 讀取檔案模式,因此如果開啟檔案是供讀取可以省略 mode='r'。若是要供寫入,那麼就要設定寫入模式 mode='w',程式設計時可以省略 mode,直接在 open( ) 函數內輸入 'w'。如果所開啟的檔案可以讀取或寫入可以使用 'r+'。如果所開啟的檔案不存在 open( ) 會建立該檔案物件,如果所開啟的檔案已經存在,原檔案內容將被清空。

至於輸出到檔案可以使用 write( ) 方法,語法格式如下:

檔案物件 .write(欲輸出資料)   # 可將資料輸出到檔案物件

程式實例 ch14_9.py:輸出資料到檔案的應用。

```
1   # ch14_9.py
2   fn = 'out14_9.txt'
3   string = 'I love Python.'
4
5   with open(fn, 'w') as file_Obj:
6       file_Obj.write(string)
```

執行結果　這個程式執行時在 Python Shell 視窗看不到結果，必須至 ch14 工作目錄查
看所建的 out14_9.txt 檔案，同時開啟可以得到下列結果。

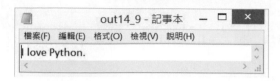

14-2-2　輸出多行資料的實例

如果多行資料輸出到檔案，設計程式時需留意各行間的換行符號問題，write( ) 不
會主動在行的末端加上換行符號，如果有需要需自己處理。

程式實例 ch14_10.py：使用 write( ) 輸出多行資料的實例。

```
1  # ch14_10.py
2  fn = 'out14_10.txt'
3  str1 = 'I love Python.'
4  str2 = 'Learn Python from the best book.'
5
6  with open(fn, 'w') as file_Obj:
7      file_Obj.write(str1)
8      file_Obj.write(str2)
```

執行結果　這個程式執行時在 Python Shell 視窗看不到結果，必須至 ch14 工作目錄查
看所建的 out14_10.txt 檔案，同時開啟可以得到下列結果。

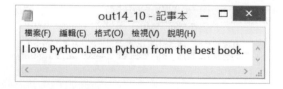

其實輸出至檔案時我們可以使用空格或換行符號，以便獲得想要的輸出結果。

程式實例 ch14_11.py：增加換行符號方式重新設計 ch14_10.py。

```
1  # ch14_11.py
2  fn = 'out14_11.txt'
3  str1 = 'I love Python.'
4  str2 = 'Learn Python from the best book.'
5
6  with open(fn, 'w') as file_Obj:
7      file_Obj.write(str1 + '\n')
8      file_Obj.write(str2 + '\n')
```

執行結果 這個程式執行時在 Python Shell 視窗看不到結果，必須至 ch14 工作目錄查看所建的 out14_11.txt 檔案，同時開啟可以得到下列結果。

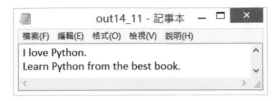

14-2-3 建立附加文件

建立附加文件主要是可以將文件輸出到所開啟的檔案末端，當以 open( ) 開啟時，需增加參數 mode='a' 或是用 'a'，其實 a 是 append 的縮寫。如果用 open( ) 開啟檔案使用 'a' 參數時，所開啟的檔案不存在 Python 會開啟檔案供寫入，如果所開啟的檔案存在，Python 在執行寫入時不會清空原先的文件內容。

程式實例 ch14_12.py：建立附加文件的應用。

```
1   # ch14_12.py
2   fn = 'out14_12.txt'
3   str1 = 'I love Python.'
4   str2 = 'Learn Python from the best book.'
5
6   with open(fn, 'a') as file_Obj:
7       file_Obj.write(str1 + '\n')
8       file_Obj.write(str2 + '\n')
```

執行結果 本書 ch14 工作目錄沒有 out14_12.txt 檔案，所以執行第一次時，可以建立 out14_12.txt 檔案，然後得到下列結果。

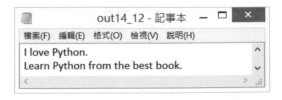

執行第二次時可以得到下列結果。

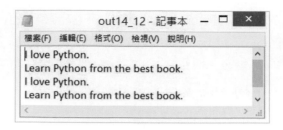

上述只要持續執行，輸出資料將持續累積。

14-3 認識編碼格式 encode

目前為止所談到的文字檔 (.txt) 的檔案開啟有關檔案編碼部分皆是使用 Windows 作業系統預設方式，文字模式下常用的編碼方式有 utf-8 和 cp950。使用 open( ) 開啟 檔案時，可以增加另一個常用的參數 encoding，使用指定的編碼方式開啟檔案，整個 open( ) 的語法將如下所示：

```
file_Obj = open(file, mode="r", encoding="cp950")
```

Python 有提供 locale 模組，在這個模組下可以使用 getpreferredencoding( ) 函數 獲得目前作業系統的編碼方式。

程式實例 ch14_13.py：列出筆者作業系統的預設編碼方式。

```
1   # ch14_13.py
2   import locale
3
4   print(locale.getpreferredencoding())
```

執行結果

```
===================== RESTART: D:\Python\ch14\ch14_13.py =====================
cp950
```

從上述執行結果可以看到中文作業系統預設的編碼方式是 cp950。

14-3-1　中文 Windows 作業系統記事本預設的編碼

請開啟中文 Windows 作業系統的記事本建立下列檔案。

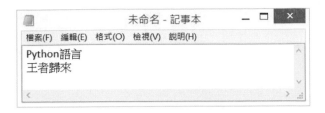

請執行檔案 / 另存新檔指令。

上述預設編碼是 ANSI，在這個編碼格式下，在 Python 的 open( ) 內我們可以使用預設的 encoding="cp950" 編碼，因為這是 Python 預設所以我們可以省略此參數。請將上述檔案使用預設的 ANSI 編碼存至 data14_14.txt。

程式實例 ch14_14.py：使用 encoding="950" 執行開啟 data14_14.txt，然後輸出。

```
1   # ch14_14.py
2
3   fn = 'data14_14.txt'                        # 設定欲開啟的檔案
4   file_Obj =  open(fn, encoding='cp950')      # 用預設encoding='cp950'開啟檔案
5   data = file_Obj.read()                      # 讀取檔案到變數data
6   file_Obj.close()                            # 關閉檔案物件
7   print(data)                                 # 輸出變數data相當於輸出檔案
```

執行結果

```
==================== RESTART: D:\Python\ch14\ch14_14.py ====================
Python語言
王者歸來
```

14-3-2　utf-8 編碼

utf-8 英文全名是 8-bit Unicode Transformation Format，這是一種適合多語系的編碼規則，主要精神是使用可變長度位元組方式儲存字元，以節省記憶體空間。例如，對於英文字母而言是使用 1 個位元組空間儲存即可，對於含有附加符號的希臘文、拉丁文或阿拉伯文 … 等則用 2 個位元組空間儲存字元，兩岸華人所使用的中文字則是以 3 個位元組空間儲存字元，只有極少數的平面輔助文字需要 4 個位元組空間儲存字元。也就是說這種編碼規則已經包含了全球所有語言的字元了，所以採用這種編碼方式設

計網頁時，其他國家的瀏覽器只要有支援 utf-8 編碼皆可顯示。例如，美國人即使使用英文版的 Internet Explorer 瀏覽器，也可以正常顯示中文字。

另外，有時我們在網路世界瀏覽其它國家的網頁時，發生顯示亂碼情況，主要原因就是對方網頁設計師並沒有將此屬性設為 "utf-8"。例如，早期最常見的是，中國大陸簡體中文的編碼是 "gb2312"，這種編碼方式是以 2 個字元組儲存一個簡體中文字，由於這種編碼方式不是適用多語系，無法在繁體中文 Windows 環境中使用，如果中國大陸的網頁設計師採用此編碼，將造成港、澳或台灣繁體中文 Widnows 的使用者在繁體中文視窗環境瀏覽此網頁時出現亂碼。

其實 utf-8 是國際通用的編碼，如果你使用 Linux 或 Max OS，一般也是用國際編碼，所以如果開啟檔案發生錯誤，請先檢查文件的編碼格式。請建立 utf14_15.txt 檔案，此檔案內容是簡體中文。

然後執行另存新檔，此時編碼規則請選 utf-8 編碼，將檔案存入 utf14_15.txt，如下所示：

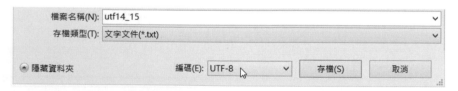

程式實例 ch14_15.py：使用 encoding='950' 開檔發生錯誤的實例。

```
1   # ch14_15.py
2
3   fn = 'utf14_15.txt'                        # 設定欲開啟的檔案
4   file_Obj = open(fn, encoding='cp950')      # 用預設encoding='cp950'開啟檔案
5   data = file_Obj.read()                     # 讀取檔案到變數data
6   file_Obj.close()                           # 關閉檔案物件
7   print(data)                                # 輸出變數data相當於輸出檔案
```

執行結果
```
==================== RESTART: D:\Python\ch14\ch14_15.py ====================
Traceback (most recent call last):
  File "D:\Python\ch14\ch14_15.py", line 5, in <module>
    data = file_Obj.read()                      # 讀取檔案到變數data
UnicodeDecodeError: 'cp950' codec can't decode byte 0x9e in position 11: illegal
 multibyte sequence
```

上述很明顯指出是 decode 錯誤。

程式實例 ch14_16.py：重新設計 ch14_15.py，使用 encoding='utf-8'。

```
1  # ch14_16.py
2
3  fn = 'utf14_15.txt'                     # 設定欲開啟的檔案
4  file_Obj =  open(fn, encoding='utf-8')  # 用encoding='utf-8'開啟檔案
5  data = file_Obj.read()                  # 讀取檔案到變數data
6  file_Obj.close()                        # 關閉檔案物件
7  print(data)                             # 輸出變數data相當於輸出檔案
```

執行結果
```
==================== RESTART: D:\Python\ch14\ch14_16.py ====================
Python语言
王者归来
```

14-4 專題設計

14-4-1 文件探勘

我們有學過字串、串列、字典、設計函數、檔案開啟與讀取檔案，這一節將舉一個實例可以應用上述觀念。

程式實例 ch14_17.py：先前已經有用字串方式處理一首兩隻老虎的兒歌，此例會將它放在 data14_17.txt 檔案內，其實這首耳熟能詳的兒歌是法國歌曲，原歌詞如下：

　　這個程式主要是列出每個歌詞出現的次數，為了單純全部單字改成小寫顯示，這個程式將用字典保存執行結果，字典的鍵是單字、字典的值是單字出現次數。為了讓讀者了解本程式的每個步驟，筆者輸出每一個階段的變化。

```
1   # ch14_17.py
2   def modifySong(songStr):              # 將歌曲的標點符號用空字元取代
3       for ch in songStr:
4           if ch in ".,?":
5               songStr = songStr.replace(ch,'')
6       return songStr                    # 傳回取代結果
7
8   def wordCount(songCount):
9       songList = songCount.split()      # 將歌曲字串轉成串列
10      print("以下是歌曲串列")
11      print(songList)
12      for wd in songList:
13          if wd in mydict:
14              mydict[wd] += 1
15          else:
16              mydict[wd] = 1
17
18  fn = "data14_17.txt"
19  with open(fn) as file_Obj:            # 開啟歌曲檔案
20      data = file_Obj.read()            # 讀取歌曲檔案
21      print("以下是所讀取的歌曲")
22      print(data)                       # 列印歌曲檔案
23
24  mydict = {}                           # 空字典未來儲存單字計數結果
25  print("以下是將歌曲大寫字母全部改成小寫同時將標點符號用空字元取代")
26  song = modifySong(data.lower())
27  print(song)
28
29  wordCount(song)                       # 執行歌曲單字計數
30  print("以下是最後執行結果")
31  print(mydict)                         # 列印字典
```

執行結果

```
==================== RESTART: D:\Python\ch14\ch14_17.py ====================
以下是所讀取的歌曲
Are you sleeping, are you sleeping, Brother John, Brother John?
Morning bells are ringing, morning bells are ringing.
Ding ding dong, Ding ding dong.
以下是將歌曲大寫字母全部改成小寫同時將標點符號用空字元取代
are you sleeping are you sleeping brother john brother john
morning bells are ringing morning bells are ringing
ding ding dong ding ding dong
以下是歌曲串列
['are', 'you', 'sleeping', 'are', 'you', 'sleeping', 'brother', 'john', 'brother
', 'john', 'morning', 'bells', 'are', 'ringing', 'morning', 'bells', 'are', 'rin
ging', 'ding', 'ding', 'dong', 'ding', 'ding', 'dong']
以下是最後執行結果
{'are': 4, 'you': 2, 'sleeping': 2, 'brother': 2, 'john': 2, 'morning': 2, 'bell
s': 2, 'ringing': 2, 'ding': 4, 'dong': 2}
```

14-4-2　string 模組

在 6-10-2 節實例 1 筆者曾經設定字串 abc='AB … . YZ'，當讀者懂了本節觀念，可以輕易使用本節觀念處理這類問題。string 是字串模組，在這個模組內有一系列程式設計有關字串，可以使用 string 的屬性讀取這些字串，使用前需要 import string。

string.digits：'0123456789'。

string.hexdigits：'0123456789abcdefABCDEF'。

string.octdigits：'01234567'

string.ascii_letters：'abcdefghijklmnopqrstuvwxyzABCEDFGHIJKLMNOPQRSTUVWXYZ'

string.ascii_lowercase：'abcdefghijklmnopqrstuvwxyz'

string.ascii_uppercase：'ABCEDFGHIJKLMNOPQRSTUVWXYZ'

下列是實例驗證。

```
>>> import string
>>> string.digits
'0123456789'
>>> string.hexdigits
'0123456789abcdefABCDEF'
>>> string.octdigits
'01234567'
>>> string.ascii_letters
'abcdefghijklmnopqrstuvwxyzABCDEFGHIJKLMNOPQRSTUVWXYZ'
>>> string.ascii_lowercase
'abcdefghijklmnopqrstuvwxyz'
>>> string.ascii_uppercase
'ABCDEFGHIJKLMNOPQRSTUVWXYZ'
```

另外：string.whitespace 則是空白字元。

```
>>> string.whitespace
' \t\n\r\x0b\x0c'
```

上述符號可以參考 3-4-4 節。

string 模組有一個屬性是 printable，這個屬性可以列出所有 ASCII 的可以列印字元。

```
>>> import string
>>> string.printable
'0123456789abcdefghijklmnopqrstuvwxyzABCDEFGHIJKLMNOPQRSTUVWXYZ!"#$%&\'()*+,-./:
;<=>?@[\\]^_`{|}~ \t\n\r\x0b\x0c'
```

上述字串最大的優點是可以處理所有的文件內容，所以我們在加密編碼時已經可以應用在所有文件。在上述字元中最後幾個是逸出字元，在做編碼加密時我們可以將這些字元排除。

```
>>> abc = string.printable[:-5]
>>> abc
'0123456789abcdefghijklmnopqrstuvwxyzABCDEFGHIJKLMNOPQRSTUVWXYZ!"#$%&\'( )*+,-./:
;<=>?@[\\]^_`{|}~ '
```

14-4-3　加密檔案

筆者已經介紹加密文件的觀念了，但是那只是為一個字串執行加密，更進一步我們可以設計為一個檔案加密，一般檔案有 '\n' 或 '\t' 字元，所以我們必需在加密與解密字典內增加考慮這 2 個字元。

程式實例 ch14_18.py：這個程式筆者將加密由 Tim Peters 所寫的 "Python 之禪 "，當然首先筆者將此 "Python 之禪 " 建立在 ch14 資料夾內檔名是 zenofPython.txt，然後讀取此檔案，最後列出加密結果。讀者需留意第 11 行，不可列印字元中只刪除最後 3 個字元。

```
1   # ch14_18.py
2   import string
3
4   def encrypt(text, encryDict):          # 加密文件
5       cipher = []
6       for i in text:                     # 執行每個字元加密
7           v = encryDict[i]               # 加密
8           cipher.append(v)               # 加密結果
9       return ''.join(cipher)             # 將串列轉成字串
10
11  abc = string.printable[:-3]            # 取消不可列印字元
12  subText = abc[-3:] + abc[:-3]          # 加密字串字串
13  encry_dict = dict(zip(subText, abc))   # 建立字典
14
15  fn = "zenofPython.txt"
16  with open(fn) as file_Obj:             # 開啟檔案
17      msg = file_Obj.read()              # 讀取檔案
18
19  ciphertext = encrypt(msg, encry_dict)
20
21  print("原始字串")
22  print(msg)
23  print("加密字串")
24  print(ciphertext)
```

執行結果
```
==================== RESTART: D:/Python/ch14/ch14_18.py ====================
原始字串
The Zen of Python, by Tim Peters

Beautiful is better than ugly.
Explicit is better than implicit.
Simple is better than complex.
Complex is better than complicated.
Flat is better than nested.
Sparse is better than dense.
Readability counts.
Special cases aren't special enough to break the rules.
Although practicality beats purity.
Errors should never pass silently.
Unless explicitly silenced.
In the face of ambiguity, refuse the temptation to guess.
There should be one-- and preferably only one --obvious way to do it.
Although that way may not be obvious at first unless you're Dutch.
Now is better than never.
Although never is often better than *right* now.
If the implementation is hard to explain, it's a bad idea.
If the implementation is easy to explain, it may be a good idea.
Namespaces are one honking great idea -- let's do more of those!
加密字串
Wkh0#hq0ri0SBwkrq/0eB0Wlp0Shwhuv22Ehdxwlixo0lv0ehwwhu0wkdq0xjoB;2HAsolflw0lv0ehw
whu0wkdq0lpsolflw;2Vlpsoh0lv0ehwwhu0wkdq0frpsohA;2FrpsohA0lv0ehwwhu0wkdq0frpsolf
dwhg;2Iodw0lv0ehwwhu0wkdq0qhvwhg;2Vsduvh0lv0ehwwhu0wkdq0ghqvh;2Uhdgdelolw0B0frxqw
v;2Vshfldo0fdvhv0duhq*w0vshfldo0hqrxjk0wr0euhdn0wkh0uxohv;2Dowkrxjk0sudfwlfdlo0wB
0ehdwv0sxulwB;2Huuruv0vkrxog0qhyhu0sdvv0vlohqwoB;2Xqohvv0hAsolflwoB0vlohqfhg;2Lq
0wkh0idfh0ri0dpeljxlwB/0uhixvh0wkh0whpswdwlrq0wr0jxhvv;2Wkhuh0vkrxog0eh0rqh::0dq
g0suhihudeoB0rqoB0rqh0::reylrxv0zdB0wr0gr0lw;2Dowkrxjk0wkdw0zdB0pdB0qrw0eh0reylr
xv0dw0iluvw0xqohvv0Brx*uh0Gxwfk;2Qrz0lv0ehwwhu0wkdq0qhyhu;2Dowkrxjk0qhyhu0lv0oriw
hq0ehwwhu0wkdq0-uljkw-0qrz;2Li0wkh0lpsohphqwdwlrq0lv0kdug0wr0hAsodlq/0lw*v0d0edg
0lghd;2Li0wkh0lpsohphqwdwlrq0lv0hdvB0wr0hAsodlq/0lw0pdB0eh0d0jrrg0lghd;2Qdphvsdf
hv0duh0rqh0krqnlqj0juhdw0lghd0::0ohw*v0gr0pruh0ri0wkrvh$
```

如何驗證上述加密正確，最好的方式是為上述加密結果解密，這將是讀者的習題。

習題實作題

1： 請更改設計 ch14_7.py，讓各行字串在同一行輸出，下列是執行結果。(14-1 節)

```
==================== RESTART: D:\Python\ex\ex14_1.py ====================
明志工專長庚大學我愛明志工專
```

2： 本章講解了讀取檔案的知識，也講解了寫入檔案的知識，請設計一個 copy 程式，
將一個檔案寫入另一個檔案內。程式執行時會先要求輸入原始檔的檔名，然後要
求輸入目的檔的檔名，程式會將原始檔的內容寫入目的檔內。本書 ch14 資料夾有
下列測試檔案 data14_2.txt。(14-2 節)

下列是執行示範輸出。

```
===================== RESTART: D:\Python\ex\ex14_2.py =====================
請輸入來源檔案 : data14_2.txt
請輸入目的檔案 : out14_2.txt
```

執行完後可以在目前資料夾看到 out14_2.txt 檔案,它的內容將和 data14_2.txt 相同。

3: 有 5 個字串列內容如下:(14-2 節)

str1 = 'Python 入門到高手之路 '

str2 = ' 作者:洪錦魁 '

str3 = ' 深石數位科技 '

str4 = 'DeepStone Corporation'

str5 = 'Deep Learning'

請依上述字串執行下列工作:

A:分 5 行輸出,將執行結果存入 out14_3_1.txt。

B:同一行輸出,彼此不空格,將執行結果存入 out14_3_2.txt。

C:同一行輸出,彼此空 2 格,將執行結果存入 out14_3_3.txt。

4： 請一次讀取 out14_3_1.txt，然後輸出到螢幕。(14-2 節)

```
==================== RESTART: D:\Python\ex\ex14_4.py ====================
Python入門邁向頂尖高手之路
作者:洪錦魁
深智數位科技
DeepMind Corporation
Deep Learning
```

5： 請一次一行讀取 out14_3_1.txt，然後輸出到螢幕。(14-2 節)

```
==================== RESTART: D:\Python\ex\ex14_5.py ====================
Python入門邁向頂尖高手之路

作者:洪錦魁

深智數位科技

DeepMind Corporation

Deep Learning
>>>
```

6： 請一次一行讀取 out14_3_1.txt，然後處理成一行且彼此不空格，然後輸出到螢幕。
(14-2 節)

```
==================== RESTART: D:\Python\ex\ex14_6.py ====================
Python入門邁向頂尖高手之路作者:洪錦魁深智數位科技DeepMind CorporationDeep Learning
```

7： 請擴充設計 ch14_17.py，這個程式只有將所有出現的單字，從多到少列印出來。
(14-4 節)

```
==================== RESTART: D:\Python\ex\ex14_7.py ====================
are : 4
ding : 4
you : 2
sleeping : 2
brother : 2
john : 2
morning : 2
bells : 2
ringing : 2
dong : 2
```

8： 為 ch14_18.py 所加密的字串存入 zenofPython_Encry.txt，同時解密所加密的字串，最後將解密的結果存入 zenofPython_Decry.txt，然後開啟檔案觀察執行結果。(14-4節)

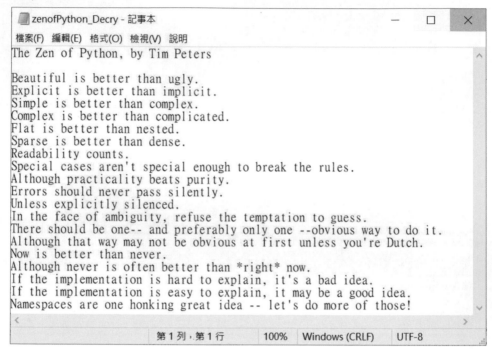

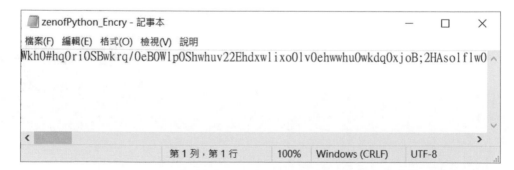

第十五章

程式除錯與異常處理

15-1 程式異常

　　有時也可以將程式錯誤 (error) 稱作程式異常 (exception)，相信每一位寫程式的人一定會常常碰上程式錯誤，過去碰上這類情況程式將終止執行，同時出現錯誤訊息，錯誤訊息內容通常是顯示 Traceback，然後列出異常報告。Python 提供功能可以讓我們捕捉異常和撰寫異常處理程序，當發生異常被我們捕捉時會去執行異常處理程序，然後程式可以繼續執行。

15-1-1　一個除數為 0 的錯誤

　　本節將以一個除數為 0 的錯誤開始說明。

程式實例 ch15_1.py：建立一個除法運算的函數，這個函數將接受 2 個參數，然後執行第一個參數除以第二個參數。

```
1  # ch15_1.py
2  def division(x, y):
3      return x / y
4
5  print(division(10, 2))       # 列出10/2
6  print(division(5, 0))        # 列出5/0
7  print(division(6, 3))        # 列出6/3
```

執行結果

```
==================== RESTART: D:\Python\ch15\ch15_1.py ====================
5.0
Traceback (most recent call last):
  File "D:\Python\ch15\ch15_1.py", line 6, in <module>
    print(division(5, 0))        # 列出5/0
  File "D:\Python\ch15\ch15_1.py", line 3, in division
    return x / y
ZeroDivisionError: division by zero
```

　　上述程式在執行第 5 行時，一切還是正常。但是到了執行第 6 行時，因為第 2 個參數是 0，導致發生 ZeroDivisionError: division by zero 的錯誤，所以整個程式就執行終止了。其實對於上述程式而言，若是程式可以執行第 7 行，是可以正常得到執行結果的，可是程式第 6 行已經造成程式終止了，所以無法執行第 7 行。

15-1-2　撰寫異常處理程序 try - except

　　這一小節筆者將講解如何捕捉異常與設計異常處理程序，發生異常被捕捉時程式會執行異常處理程序，然後跳開異常位置，再繼續往下執行。這時要使用 try – except

指令，它的語法格式如下：

```
try:
    指令                    # 預先設想可能引發錯誤異常的指令
except 異常物件 1:          # 若以 ch15_1.py 而言，異常物件就是指 ZeroDivisionError
    異常處理程序 1           # 通常是指出異常原因，方便修正
```

上述會執行 try: 下面的指令，如果正常則跳離 except 部分，如果指令有錯誤異常，則檢查此異常是否是異常物件所指的錯誤，如果是代表異常被捕捉了，則執行此異常物件下面的異常處理程序。

程式實例 ch15_2.py：重新設計 ch15_1.py，增加異常處理程序。

```python
1   # ch15_2.py
2   def division(x, y):
3       try:                        # try - except指令
4           return x / y
5       except ZeroDivisionError:   # 除數為0時執行
6           print("除數不可為0")
7
8   print(division(10, 2))          # 列出10/2
9   print(division(5, 0))           # 列出5/0
10  print(division(6, 3))           # 列出6/3
```

執行結果

```
==================== RESTART: D:\Python\ch15\ch15_2.py ====================
5.0
除數不可為0
None
2.0
```

上述程式執行第 8 行時，會將參數 (10, 2) 帶入 division( ) 函數，由於執行 try 的指令的 "x / y" 沒有問題，所以可以執行 "return x / y"，這時 Python 將跳過 except 的指令。當程式執行第 9 行時，會將參數 (5, 0) 帶入 division( ) 函數，由於執行 try 的指令的 "x / y" 產生了除數為 0 的 ZeroDivisionError 異常，這時 Python 會找尋是否有處理這類異常的 except ZeroDivisionError 存在，如果有就表示此異常被捕捉，就去執行相關的錯誤處理程序，此例是執行第 6 行，印出 " 除數不可為 0" 的錯誤。函數回返然後印出結果 None，None 是一個物件表示結果不存在，最後返回程式第 10 行，繼續執行相關指令。

從上述可以看到，程式增加了 try – except 後，若是異常被 except 捕捉，出現的異常訊息比較友善了，同時不會有程式中斷的情況發生。

特別需留意的是在 try – except 的使用中，如果在 try: 後面的指令產生異常時，這個異常不是我們設計的 except 異常物件，表示異常沒被捕捉到，這時程式依舊會像 ch15_1.py 一樣，直接出現錯誤訊息，然後程式終止。

程式實例 ch15_3.py：重新設計 ch15_2.py，但是程式第 9 行使用字元呼叫除法運算，造成程式異常。

```
1   # ch15_3.py
2   def division(x, y):
3       try:                          # try - except指令
4           return x / y
5       except ZeroDivisionError:     # 除數為0時執行
6           print("除數不可為0")
7
8   print(division(10, 2))            # 列出10/2
9   print(division('a', 'b'))         # 列出'a' / 'b'
10  print(division(6, 3))             # 列出6/3
```

執行結果

```
==================== RESTART: D:\Python\ch15\ch15_3.py ====================
5.0
Traceback (most recent call last):
  File "D:\Python\ch15\ch15_3.py", line 9, in <module>
    print(division('a', 'b'))        # 列出'a' / 'b'
  File "D:\Python\ch15\ch15_3.py", line 4, in division
    return x / y
TypeError: unsupported operand type(s) for /: 'str' and 'str'
```

由上述執行結果可以看到異常原因是 TypeError，由於我們在程式中沒有設計 except TypeError 的異常處理程序，所以程式會終止執行。要解決這類的問題需要多設計一組 try – except，可參考下列實例。

程式實例 ch15_4.py：擴充設計 ch15_3.py 增加 TypeError 異常的捕捉。

```
1   # ch15_4.py
2   def division(x, y):
3       try:                          # try - except指令
4           return x / y
5       except ZeroDivisionError:     # 除數為0時執行
6           print("除數不可為0")
7       except TypeError:             # 除法的資料型態不符
8           print("除法資料型態不符")
9
10  print(division(10, 2))            # 列出10/2
11  print(division('a', 'b'))         # 列出'a' / 'b'
12  print(division(6, 3))             # 列出6/3
```

執行結果

```
==================== RESTART: D:\Python\ch15\ch15_4.py ====================
5.0
除法資料型態不符
None
2.0
```

其實上述程式可以處理除數為 0 或是除法所用資料型態不符。

15-1-3　try - except - else

Python 在 try – except 中又增加了 else 指令，這個指令存放的主要目的是 try 內的指令正確時，可以執行 else 內的指令區塊，我們可以將這部分指令區塊稱正確處理程序，這樣可以增加程式的可讀性。此時語法格式如下：

```
try:
     指令                      # 預先設想可能引發異常的指令
except 異常物件 1:      # 若以 ch15_1.py 而言，異常物件就是指 ZeroDivisionError
     異常處理程序 1   # 通常是指出異常原因，方便修正
  else:
     正確處理程序      # 如果指令正確實行此區塊指令
```

程式實例 ch15_5.py：使用 try – except – else 重新設計 ch15_3.py。

```
1  # ch15_5.py
2  def division(x, y):
3      try:                         # try - except指令
4          ans =  x / y
5      except ZeroDivisionError:    # 除數為0時執行
6          print("除數不可為0")
7      else:
8          return ans               # 傳回正確的執行結果
9
10 print(division(10, 2))           # 列出10/2
11 print(division(5, 0))            # 列出5/0
12 print(division(6, 3))            # 列出6/3
```

執行結果　與 ch15_2.py 相同。

15-1-4　找不到檔案的錯誤 FileNotFoundError

程式設計時另一個常常發生的異常是開啟檔案時找不到檔案，這時會產生 FileNotFoundError 異常。

程式實例 ch15_6.py：開啟一個不存在的檔案 data15_6.txt 產生異常的實例，這個程式
會有一個異常處理程序，列出檔案不存在。如果檔案存在則列印檔案內容。

```
1   # ch15_6.py
2
3   fn = 'data15_6.txt'              # 設定欲開啟的檔案
4   try:
5       with open(fn) as file_Obj:   # 用預設mode=r開啟檔案,傳回檔案物件file_Obj
6           data = file_Obj.read()   # 讀取檔案到變數data
7   except FileNotFoundError:
8       print("找不到 %s 檔案" % fn)
9   else:
10      print(data)                  # 輸出變數data相當於輸出檔案
```

執行結果
```
==================== RESTART: D:\Python\ch15\ch15_6.py ====================
找不到 data15_6.txt 檔案
```

　　本資料夾 ch15 內有 data15_7.txt，相同的程式只是第 3 行開啟的檔案不同，將可
以獲得印出 data15_7.txt。

程式實例 ch15_7.txt：與 ch15_6.txt 內容基本上相同，只是開啟的檔案不同。

```
3   fn = 'data15_7.txt'              # 設定欲開啟的檔案
```

執行結果
```
==================== RESTART: D:\Python\ch15\ch15_7.py ====================
深智數位科技
深度學習滴水穿石
Deep Learning

>>>
```

15-2 常見的異常物件

異常物件名稱	說明
AttributeError	通常是指物件沒有這個屬性
Exception	一般錯誤皆可使用
FileNotFoundError	找不到 open( ) 開啟的檔案
IOError	在輸入或輸出時發生錯誤
IndexError	索引超出範圍區間
KeyError	在映射中沒有這個鍵

MemoryError	需求記憶體空間超出範圍
NameError	物件名稱未宣告
SyntaxError	語法錯誤
SystemError	直譯器的系統錯誤
TypeError	資料型別錯誤
ValueError	傳入無效參數
ZeroDivisionError	除數為 0

在 ch15_3.py 的程式應用中可以發現，異常發生時如果 except 設定的異常物件不是發生的異常，相當於 except 沒有捕捉到異常，所設計的異常處理程序變成無效的異常處理程序。Python 提供了一個通用型的異常物件 Exception，它可以捕捉各式的異常。

程式實例 ch15_8.py：重新設計 ch15_3.py，異常物件設為 Exception。

```
1  # ch15_8.py
2  def division(x, y):
3      try:                        # try - except指令
4          return x / y
5      except Exception:           # 通用錯誤使用
6          print("通用錯誤發生")
7
8  print(division(10, 2))          # 列出10/2
9  print(division(5, 0))           # 列出5/0
10 print(division('a', 'b'))       # 列出'a' / 'b'
11 print(division(6, 3))           # 列出6/3
```

執行結果

```
==================== RESTART: D:\Python\ch15\ch15_8.py ====================
5.0
通用錯誤發生
None
通用錯誤發生
None
2.0
```

從上述可以看到第 9 行除數為 0 或是第 10 行字元相除所產生的異常皆可以使用 Exception 予以捕捉，然後執行異常處理程序。甚至這個通用型的異常物件也可以應用在取代 FileNotFoundError 異常物件。

如果除法所用的除數或被除數整數是從螢幕輸入，此時須用 int( ) 執行轉換，這時若是所輸入是非數字會產生 ValueError。本章實作習題 1 是這方面的應用。

15-3 finally

Python 的關鍵字 finally 功能是和 try 配合使用，在 try 之後可以有 except 或 else，這個 finally 關鍵字是必須放在 except 和 else 之後，同時不論是否有異常發生一定會執行這個 finally 內的程式碼。

```
try:
    指令                        # 預先設想可能引發異常的指令
except 異常物件 :
    異常處理程序                # 通常是指出異常原因，方便修正
finally:
    一定會執行                  # 程式一定會執行此區塊指令
```

這個功能主要是用在 Python 程式與資料庫連接時，輸出連接相關訊息。

程式實例 ch15_9.py：try .. except .. finally 的應用，讀者可以發現無論是否有異常，皆會執行第 8 行，輸出 " 階段任務完成 "。

```
1  # ch15_9.py
2  def division(x, y):
3      try:                        # try - except指令
4          return x / y
5      except:                     # 捕捉所有異常
6          print("異常發生")
7      finally:                    # 離開函數前先執行此程式碼
8          print("階段任務完成")
9
10 print(division(10, 2),"\n")     # 列出10/2
11 print(division(5, 0),"\n")      # 列出5/0
12 print(division('a', 'b'),"\n")  # 列出'a' / 'b'
13 print(division(6, 3),"\n")      # 列出6/3
```

執行結果

```
==================== RESTART: D:\Python\ch15\ch15_9.py ====================
階段任務完成
5.0

異常發生
階段任務完成
None

異常發生
階段任務完成
None

階段任務完成
2.0

>>>
```

　　上述程式執行時，如果沒有發生異常，程式會先輸出字串 " 階段任務完成 " 然後返回主程式，輸出 division( ) 的回傳值。如果程式有異常會先輸出字串 " 異常發生 "，再執行 finally 的程式碼輸出字串 " 階段任務完成 " 然後返回主程式輸出 "None"。

15-4 專題　認識程式除錯的典故

　　通常我們又將程式除錯稱 Debug，De 是除去的意思，bug 是指小蟲，其實這是有典故的。1944 年 IBM 和哈佛大學聯合開發了 Mark I 電腦，此電腦重 5 噸，有 8 英呎高，51 英呎長，內部線路加總長是 500 英哩，沒有中斷使用了 15 年，下列是此電腦圖片。

本圖片轉載自 http://www.computersciencelab.com

　　在當時有一位女性程式設計師 Grace Hopper，發現了第一個電腦蟲 (bug)，一隻死的蛾 (moth) 的雙翅卡在繼電器 (relay)，促使資料讀取失敗，下列是當時 Grace Hopper 記錄此事件的資料。

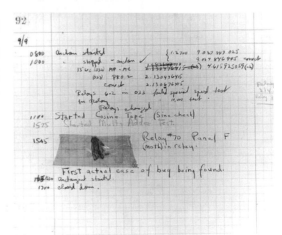

當時 Grace Hopper 寫下了下列兩句話。

Relay #70 Panel F (moth) in relay.
First actual case of bug being found.

　　大意是編號 70 的繼電器出問題 (因為蛾)，這是真實電腦上所發現的第一隻蟲。
自此，電腦界認定用 debug 描述「找出及刪除程式錯誤」應歸功於 Grace Hopper。

習題實作題

1 : 請重新設計 ch15_4.py，但是將除數與被除數改為由螢幕輸入。提示：使用 input( )
讀取輸入時，所讀取的是字串，需使用 int( ) 將字串轉為整數資料型態，如果所輸
入的是非數字將產生 ValueError。(15-2 節)

```
==================== RESTART: D:\Python\ex\ex15_1.py ====================
請輸入第1個數字 : 10
請輸入第2個數字 : a
除法資料型態不符
None
>>>
==================== RESTART: D:\Python\ex\ex15_1.py ====================
請輸入第1個數字 : 10
請輸入第2個數字 : 0
除數不可為0
None
>>>
==================== RESTART: D:\Python\ex\ex15_1.py ====================
請輸入第1個數字 : 10
請輸入第2個數字 : 2
5.0
```

2 : 請重新設計實作習題 1，但是只能有一個 except，可以捕捉所有錯誤，捕捉到錯誤
時一律輸出 " 資料輸入錯誤 "。(15-2 節)

```
==================== RESTART: D:\Python\ex\ex15_2.py ====================
請輸入第1個數字 : 10
請輸入第2個數字 : a
資料輸入錯誤
None
>>>
==================== RESTART: D:\Python\ex\ex15_2.py ====================
請輸入第1個數字 : 10
請輸入第2個數字 : 0
資料輸入錯誤
None
>>>
==================== RESTART: D:\Python\ex\ex15_2.py ====================
請輸入第1個數字 : 10
請輸入第2個數字 : 2
5.0
```

第十六章

演算法 – 排序與搜尋

在生活上我們常常會使用一些流程觀念，處理日常生活一些事件，例如：生活上碰上客廳的燈泡不亮，我們可能使用下列方法應對此事件。

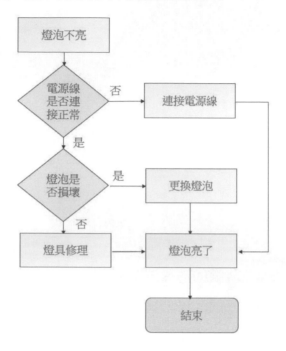

其實我們可以稱上述是生活中的演算法 (Algorithm)，從上述流程可以看到有明確的輸入，此輸入是燈泡不亮、也有明確的輸出，輸出是燈泡亮了、同時每個步驟很明確、步驟數量是有限、步驟是有效、是可以執行以及獲得結果。我們可以將上述生活中的演算法觀念應用在電腦程式設計。未來讀者想獲得更完整的演算法知識，可以參考下列筆者所著，深智公司發行演算法最強彩色圖鑑 +Python 程式實作。

16-1 電腦的演算法

在科技時代，我們常使用電腦解決某些問題。為了讓電腦可以了解人類的思維，我們將解決問題的思維、方法，用特定方式告訴電腦，這個特定方式就是電腦可以理解的程式語言。電腦會依據程式語言的指令，一步一步完成工作。

當使用程式語言解決工作上的問題時，下一步我們面臨應該使用什麼方法，可以更快速、有效地完成工作。

例如：有一系列數字，我們想要找到特定數字，是否有更好的方法？

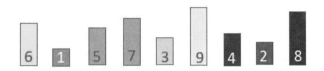

假設上述我們要找的數字是 3，如果我們從左到右找尋，需要找尋 5 次，如果我們從中間找尋只要 1 次就可以找到，其實找尋的方法，就是演算法。

例如：有一系列數字，我們想將這一系列從小到大排序。

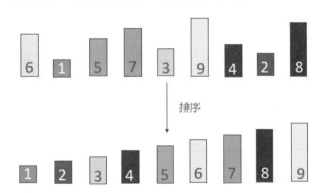

為了完成上述從小到大將數字排列，也有許多方法，這些方法也可以稱是演算法。

現代美國有一位非常著名的電腦科學家高德納 (Donald Ervin Knuth，1931 -) 是美國史丹福大學榮譽教授退休，1972 年圖靈獎 (Turing Award) 得主，在他所著電腦程式設計的藝術 (The Art of Computer Programming)，對演算法 (algorithm) 有做特徵歸納：

1： 輸入：一個演算法必須有 0 個或更多的輸入。

2： 有限性：一個演算法的步驟必須是有限的步驟。

3： 明確性：是指演算法描述必須是明確的。

4： 有效性：演算法的可行性可以獲得正確的執行結果。

5： 輸出：所謂輸出就是計算結果，一個演算法必須要有 1 個或更多的輸出。

註　高納德的著作 The Art of Computer Programming 曾被科學美國人 (Scientific American) 雜誌評估為與愛因斯坦的相對論並論為 20 世紀最重要的 12 本物理科學專論之一。

所以我們也可以將演算法過程與結果，歸納做下列的定義：

輸入 + 演算法 = 輸出

16-2 好的演算法與不好的演算法

16-2-1 不好的演算法

一個好的演算法可能不需一秒鐘就可以得到解答，相同的問題用了一個不好的演算法，電腦執行了上千億年也得不到答案。

假設有個數列有 2 筆資料，假設數列值分別是 1 和 2，這個數列的排序方式有下列 2 種。

| 1 | 2 | 或 | 2 | 1 |

假設數列有 3 筆資料，假設數列值分別是 1、2 和 3，這個數列的排序方式有下列 6 種。

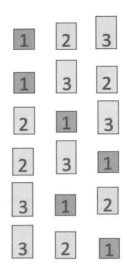

上述實例的排列組合可以列出所有排列的可能稱枚舉方法 (Enumeration method)，特色是如果有 n 筆資料，就會有 n! 組合方式，有關階乘的觀念可以參考 11-8-4 節。

假設有一個數列內含 30 筆資料，則有下列次數的組合方式：

```
==================== RESTART: D:/Python/ch11/ch11_21.py ====================
請輸入階乘數 ： 30
30  的階乘結果是 =   265252859812191058636308480000000
```

假設一個數列有 30 筆資料，排列恰好是 30, 29, … 1，我們要將數列從小到大排列 1, 2, … 30，假設所使用的方法是枚舉方法，一個一個處理，如果不是從小排到大，則使用下一個數列，直到找到從小排到大的數列。在 ch11_21.py 的第 2 個執行結果筆者已經列出有一個天文數字的排列組合方式，這個數字就是將數列資料從小排到大，最差狀況需要核對的次數。

註 枚舉方法的特色是一定可以找到答案。

實例 ch16_1.py：延續前面觀念，假設超級電腦每秒可以處理 10 兆個數列，運氣最差狀況，請計算需要多少年可以得到從小排到大的數列。

```
1  # ch16_1.py
2  def factorial(n):
3      """ 計算n的階乘, n 必須是正整數 """
4      if n == 1:
5          return 1
6      else:
7          return (n * factorial(n-1))
```

```
 8
 9   N = eval(input("請輸入數列的資料個數 ："))
10   times = 10000000000000          # 電腦每秒可處理數列數目
11   day_secs = 60 * 60 * 24         # 一天秒數
12   year_secs = 365 * day_secs      # 一年秒數
13   combinations = factorial(N)     # 組合方式
14   years = combinations / (times * year_secs)
15   print("資料個數 %d, 數列組合數 = %d " % (N, combinations))
16   print("需要 %d 年才可以獲得結果" % years)
```

執行結果

```
==================== RESTART: D:/Python/ch16/ch16_1.py ====================
請輸入數列的資料個數 ： 30
資料個數 30, 數列組合數 = 265252859812191058636308480000000
需要 841111300774 年才可以獲得結果
```

　　從上述執行結果可知僅僅 30 筆資料的排序需要 8411 億年才可以得到結果，讀者可能覺得不可思議，筆者也覺得不可思議。一個程式，跑了宇宙誕生至今仍無法獲得解答。

1：　宇宙誕生，宇宙 0 年，大霹靂時代

2：　銀河系誕生，宇宙約 7 億年

圖片是智利伯瑞納天文台拍攝，取材自下列網址

https://zh.wikipedia.org/zhtw/%E9%93%B6%E6%B2%B3%E7%B3%BB#/media/File:Milky_Way_Arch.jpg

3： 地球誕生，宇宙約 90 億年

4： 現代的我們，約 137 億年

16-2-2　好的演算法

　　相同問題如果使用好的演算法，可能不用 1 秒就可以得到答案，下一節筆者會用實例說明。

16-3 泡沫排序法 (Bubble Sort)

16-3-1　圖解泡沫排序演算法

　　在排序方法中最著名也是最簡單的演算法是泡沫排序法 (Bubble Sort)，這個方法的基本工作原理是將相鄰的元素做比較，如果前一個元素大於後一個元素，將彼此交換，這樣經過一個迴圈後最大的元素會經由交換浮現到最右邊，在數字移動過程很像泡泡的移動所以稱泡沫排序法，也稱氣泡排序法。例如：假設有一個串列內容，內含 5 筆元素，如下：

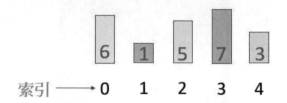

泡沫排序法如果有 n 筆元素需比較 n-1 次迴圈，是從索引 0 開始比較，當有 n 筆元素時需比較 n-1 次，第 1 次迴圈的處理方式如下：

❏ 第 1 次迴圈比較 1

比較時從索引 0 和索引 1 開始比較，因為 6 大於 1，所以資料對調，可以得到下列結果。

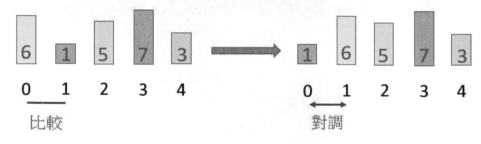

❏ 第 1 次迴圈比較 2

比較索引 1 和索引 2 開始比較，因為 6 大於 5，所以資料對調，可以得到下列結果。

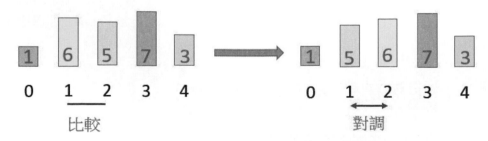

❑ 第 1 次迴圈比較 3

比較索引 2 和索引 3 開始比較，因為 6 小於 7，所以資料不動，可以得到下列結果。

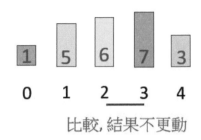

比較, 結果不更動

❑ 第 1 次迴圈比較 4

比較索引 3 和索引 4 開始比較，因為 7 大於 3，所以資料對調，可以得到下列結果。

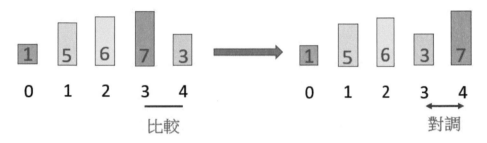

第 1 個迴圈比較結束，可以在最大索引位置獲得最大值，接下來進行第 2 次迴圈的比較。由於第一個迴圈最大索引 (n-1) 位置已經是最大值，所以現在比較次數可以比第 1 次迴圈少 1 次。

❑ 第 2 次迴圈比較 1

比較時從索引 0 和索引 1 開始比較，因為 1 小於 5，所以資料不動，可以得到下列結果。

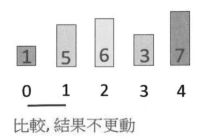

比較, 結果不更動

❑ 第 2 次迴圈比較 2

比較時從索引 1 和索引 2 開始比較，因為 5 小於 6，所以資料不動，可以得到下列結果。

比較, 結果不更動

❑ 第 2 次迴圈比較 3

比較時從索引 2 和索引 3 開始比較，因為 6 大於 3，所以資料對調，可以得到下列結果。

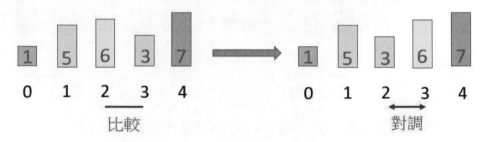

現在我們得到了第 2 大值，接著執行第 3 次迴圈的比較，這次比較次數又可以比前一個迴圈少 1 次。

❑ 第 3 次迴圈比較 1

比較時從索引 0 和索引 1 開始比較，因為 1 小於 5，所以資料不動，可以得到下列結果。

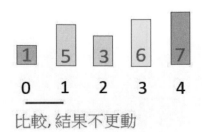

比較, 結果不更動

❏ 第 3 次迴圈比較 2

比較時從索引 1 和索引 2 開始比較，因為 5 大於 3，所以資料對調，可以得到下列結果。

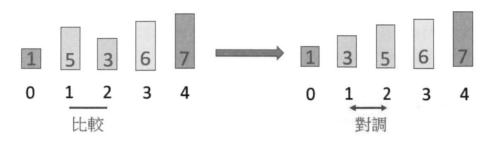

現在我們得到了第 3 大值，接著執行第 4 次迴圈的比較，這次比較次數又可以比前一個迴圈少 1 次。

❏ 第 4 次迴圈比較 1

比較時從索引 0 和索引 1 開始比較，因為 1 小於 5，所以資料不動，可以得到下列結果。

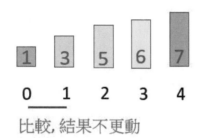

泡沫排序第 1 次迴圈的比較次數是 n-1 次，第 2 次迴圈的比較次數是 n-2 次，到第 n-1 迴圈的時候是 1 次，所以比較總次數計算方式如下：

$$n^2 >= (n-1) + (n-2) + \cdots. + 1$$

如果有 30 個值，上述比較次數小於 900。

16-3-2　Python 程式實作

在程式設計時，又可以將上述的迴圈稱外層迴圈，然後將原先每個迴圈的比較稱內層迴圈，整個設計邏輯觀念如下：

```
for i in range(0,len( 串列 ))                    # 外層迴圈
    for j in range(0,(len( 串列 )- 1- i))        # 內層迴圈
        if 串列 [j] > 串列 [j+1]
            交換串列 [j] 和串列 [j+1] 內容
```

程式實例 ch16_2.py：使用 16-3-1 節的圖解演算法數據，執行泡沫排序法，在這個程式筆者將列出每次的排序過程。

```
1   # ch16_2.py
2   def bubble_sort(nLst):
3       length = len(nLst)
4       for i in range(length-1):
5           print("第 %d 次外圈排序" % (i+1))
6           for j in range(length-1-i):
7               if nLst[j] > nLst[j+1]:
8                   nLst[j],nLst[j+1] = nLst[j+1],nLst[j]
9               print("第 %d 次內圈排序 : " % (j+1), nLst)
10      return nLst
11
12  data = [6, 1, 5, 7, 3]
13  print("原始串列 : ", data)
14  print("排序結果 : ", bubble_sort(data))
```

執行結果
```
==================== RESTART: D:/Python/ch16/ch16_2.py ====================
原始串列 :  [6, 1, 5, 7, 3]
第 1 次外圈排序
第 1 次內圈排序 :  [1, 6, 5, 7, 3]
第 2 次內圈排序 :  [1, 5, 6, 7, 3]
第 3 次內圈排序 :  [1, 5, 6, 7, 3]
第 4 次內圈排序 :  [1, 5, 6, 3, 7]
第 2 次外圈排序
第 1 次內圈排序 :  [1, 5, 6, 3, 7]
第 2 次內圈排序 :  [1, 5, 6, 3, 7]
第 3 次內圈排序 :  [1, 5, 3, 6, 7]
第 3 次外圈排序
第 1 次內圈排序 :  [1, 5, 3, 6, 7]
第 2 次內圈排序 :  [1, 3, 5, 6, 7]
第 4 次外圈排序
第 1 次內圈排序 :  [1, 3, 5, 6, 7]
排序結果 :  [1, 3, 5, 6, 7]
```

16-4 搜尋演算法

　　搜尋是電腦科學中很重要的一個科目，長久以來研究人員嘗試從一堆資料中研究如何花最少的時間找到特定的資料。本章筆者將分成 2 個小節解說順序搜尋法 (Sequential Search) 和二分搜尋法 (Binary Search)。

16-4-1 順序搜尋法 (Sequential Search)

　　這是非常容易的搜尋方法，通常是應用在序列資料沒有排序的情況，主要是將搜尋值 (key) 與序列資料一個一個拿來與做比對，直到找到與搜尋值相同的資料或是所有資料搜尋結束為止。

　　有一系列數字如下：

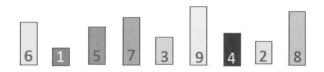

　　假設現在要搜尋 3，首先將 3 和序列索引 0 的第 1 個數字 6 做比較：

3 不等於 6

　　當不等於發生時可以繼續往右邊比較，在繼續比較過程中會找到 3 做較，如下所示：

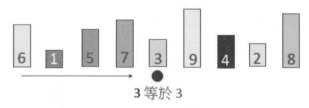

3 等於 3

　　現在 3 找到了，程式可以執行結束。如果找到最後還沒找到，就表示此數列沒有 3。由於在找尋過程，很可能會需要找尋 n 次，平均是找尋 n / 2 次。

程式實例 ch16_3.py：請輸入搜尋號碼，如果找到此程式會傳回索引值，同時列出搜尋次數，如果找不到會傳回查無此搜尋號碼。

```
1  # ch16_3.py
2  def sequential_search(nLst):
3      for i in range(len(nLst)):
4          if nLst[i] == key:          # 找到了
5              return i                 # 傳回索引值
6      return -1                        # 找不到傳回-1
7
```

```
 8  data = [6, 1, 5, 7, 3, 9, 4, 2, 8]
 9  key = eval(input("請輸入搜尋值："))
10  index = sequential_search(data)
11  if index != -1:
12      print("在 %d 索引位置找到了共找了 %d 次" % (index, (index + 1)))
13  else:
14      print("查無此搜尋號碼")
```

執行結果

```
==================== RESTART: D:/Python/ch16/ch16_3.py ====================
請輸入搜尋值：9
在 5 索引位置找到了共找了 6 次
>>>
==================== RESTART: D:/Python/ch16/ch16_3.py ====================
請輸入搜尋值：10
查無此搜尋號碼
```

16-4-2　二分搜尋法 (Binary Search)

要執行二分搜尋法 (Binary Search)，首先要將資料排序 (sort)，然後將搜尋值 (key) 與中間值開始比較，如果搜尋值大於中間值，則下一次往右邊 (較大值邊) 搜尋否則往左邊 (較小值邊) 搜尋。上述動作持續進行直到找到搜尋值或是所有資料搜尋結束才停止。有一系列數字如下，假設搜尋數字是 3：

第 1 步是將數列分成一半，中間值是 5，由於 3 小於 5，所以往左邊搜尋。

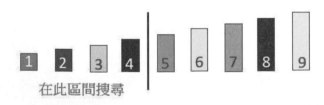

在此區間搜尋

第 2 步，目前數值 1 是索引 0，數值 4 是索引 3，"(0 + 3) // 2"，所以中間值是索引 1 的數值 2，由於 3 大於 2，所以往右邊搜尋。

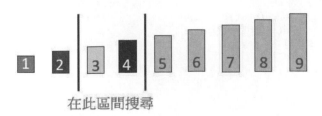

在此區間搜尋

第 3 步,目前數值 3 是索引 2,數值 4 是索引 3,"(2 + 3) // 2",所以中間值是索引 2 的數值 3,由於 3 等於 3,所以找到了。

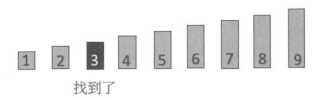

找到了

上述每次搜尋可以讓搜尋範圍減半,當搜尋 log n 次時,搜尋範圍就剩下一個數據,此時可以判斷所搜尋的數據是否存在,所以搜尋平均所需時間是 log n。

要執行二分搜尋法 (Binary Search),首先要將資料排序 (sort),然後將搜尋值 (key) 與中間值開始比較,如果搜尋值大於中間值,則下一次往右邊 (較大值邊) 搜尋否則往左邊 (較小值邊) 搜尋。上述動作持續進行直到找到搜尋值或是所有資料搜尋結束才停止。

程式實例 ch16_4.py:使用二分法搜尋串列內容,本程式的重點是第 2 – 21 行的 binary_search( ) 函數。

```
1   # ch16_4.py
2   def binary_search(nLst):
3       print("列印搜尋串列 : ",nLst)
4       low = 0                      # 串列的最小索引
5       high = len(nLst) - 1         # 串列的最大索引
6       middle = int((high + low) / 2) # 中間索引
7       times = 0                    # 搜尋次數
8       while True:
9           times += 1
10          if key == nLst[middle]:  # 表示找到了
11              rtn = middle
12              break
13          elif key > nLst[middle]:
14              low = middle + 1     # 下一次往右邊搜尋
15          else:
16              high = middle - 1    # 下依次往左邊搜尋
17          middle = int((high + low) / 2)  # 更新中間索引
18          if low > high:           # 所有元素比較結束
19              rtn = -1
20              break
21      return rtn, times
22
23  data = [19, 32, 28, 99, 10, 88, 62, 8, 6, 3]
24  sorted_data = sorted(data)        # 排序串列
25  key = int(input("請輸入搜尋值 : "))
26  index, times = binary_search(sorted_data)
27  if index != -1:
```

```
28          print("在索引 %d 位置找到了,共找了 %d 次" % (index, times))
29    else:
30          print("查無此搜尋號碼")
```

執行結果

```
==================== RESTART: D:/Python/ch16/ch16_4.py ====================
請輸入搜尋值 : 62
列印搜尋串列 :  [3, 6, 8, 10, 19, 28, 32, 62, 88, 99]
在索引 7 位置找到了,共找了 2 次
>>>
==================== RESTART: D:/Python/ch16/ch16_4.py ====================
請輸入搜尋值 : 1
列印搜尋串列 :  [3, 6, 8, 10, 19, 28, 32, 62, 88, 99]
查無此搜尋號碼
```

　　排序與二分搜尋法,另一個重大應用是可以方便未來的搜尋,例如:臉書用戶約有 20 億,當我們登入臉書時,如果臉書帳號沒有排序,假設電腦每秒可以比對 100 個數字,如果使用一般線性搜尋帳號最壞狀況需要 20000000 秒 (約 231 天) 才可以判斷所輸入的是否正確的臉書帳號。如果帳號資訊已經排序完成,使用二分法,所需時間是 log n(n 是臉書帳號數),最後只要約 0.3 秒即可以判斷是否正確臉書帳號,下列是計算方式。

```
>>> import math
>>> 0.01 * math.log(2000000000, 2)
0.30897352853986265
```

16-5　專題設計　尾牙兌獎號碼設計

程式實例 ch16_5.py:一個大公司在尾牙時一定會有抽獎活動,每個員工會有一個抽獎號碼,我們可以使用字典記錄抽獎號碼的持有者,號碼是鍵 (key),名字是值 (value)。對於小部門而言可以將自己部門小組的人建立成一個字典,然後輸入兌獎號碼,如果部門有人得獎可以輸出得獎者,如果沒人得獎則輸出 " 我們小組沒人得獎 "。

```
1   # ch16_5.py
2   def sequentialSearch(nDict):
3       for i in nDict.keys():
4           if i == key:             # 找到了
5               return i             # 傳回索引值
6       return -1                    # 找不到傳回-1
7
8   employee = {19:'John',
9               32:'Tom',
10              28:'Kevin',
```

```
11              99:'Curry',
12              10:'Peter',
13             }
14  key = int(input("請輸入得獎號碼 : "))
15  rtn = sequentialSearch(employee)
16  if rtn != -1:
17      print("得獎者是 : ", employee[rtn])
18  else:
19      print("我們小組沒人獲獎")
```

執行結果

```
==================== RESTART: D:/Python/ch16/ch16_5.py ====================
請輸入得獎號碼 : 18
我們小組沒人獲獎
>>>
==================== RESTART: D:/Python/ch16/ch16_5.py ====================
請輸入得獎號碼 : 99
得獎者是 : Curry
```

習題實作題

1: 請重新設計 ch16_2.py，請由大到小排序。(16-3 節)

```
==================== RESTART: D:/Python/ex/ex16_1.py ====================
原始串列 : [6, 1, 5, 7, 3]
第 1 次外圈排序
第 1 次內圈排序 : [6, 1, 5, 7, 3]
第 2 次內圈排序 : [6, 5, 1, 7, 3]
第 3 次內圈排序 : [6, 5, 7, 1, 3]
第 4 次內圈排序 : [6, 5, 7, 3, 1]
第 2 次外圈排序
第 1 次內圈排序 : [6, 5, 7, 3, 1]
第 2 次內圈排序 : [6, 7, 5, 3, 1]
第 3 次內圈排序 : [6, 7, 5, 3, 1]
第 3 次外圈排序
第 1 次內圈排序 : [7, 6, 5, 3, 1]
第 2 次內圈排序 : [7, 6, 5, 3, 1]
第 4 次外圈排序
第 1 次內圈排序 : [7, 6, 5, 3, 1]
排序結果 : [7, 6, 5, 3, 1]
```

2: 以下是北京幾家旅館房價表。(16-3 節)

旅館名稱	住宿定價
君悅酒店	5560
東方酒店	3540
北京大飯店	4200
喜來登酒店	5000
文華酒店	5200

請設計程式由低價位開始排序。

```
===================== RESTART: D:/Python/ex/ex16_2.py =====================
北京酒店定價排行
東方酒店    -- 3450
北京大飯店  -- 4200
喜來登酒店  -- 5000
文華酒店    -- 5200
君悅酒店    -- 5560
```

3： 請在螢幕輸入任意數量的數值元素，輸入 Q 或 q 才停止輸入，輸入完成後，可以
執行從大排到小。(16-3 節)

```
===================== RESTART: D:/Python/ex/ex16_3.py =====================
請輸入數值(Q或q代表輸入結束) : 65
請輸入數值(Q或q代表輸入結束) : 39
請輸入數值(Q或q代表輸入結束) : 15
請輸入數值(Q或q代表輸入結束) : 28
請輸入數值(Q或q代表輸入結束) : 7
請輸入數值(Q或q代表輸入結束) : q
原始串列 :  [65, 39, 15, 28, 7]
第 1 次外圈排序
第 1 次內圈排序 :  [65, 39, 15, 28, 7]
第 2 次內圈排序 :  [65, 39, 15, 28, 7]
第 3 次內圈排序 :  [65, 39, 28, 15, 7]
第 4 次內圈排序 :  [65, 39, 28, 15, 7]
第 2 次外圈排序
第 1 次內圈排序 :  [65, 39, 28, 15, 7]
第 2 次內圈排序 :  [65, 39, 28, 15, 7]
第 3 次內圈排序 :  [65, 39, 28, 15, 7]
第 3 次外圈排序
第 1 次內圈排序 :  [65, 39, 28, 15, 7]
第 2 次內圈排序 :  [65, 39, 28, 15, 7]
第 4 次外圈排序
第 1 次內圈排序 :  [65, 39, 28, 15, 7]
排序結果 :  [65, 39, 28, 15, 7]
```

4： 請先用螢幕輸入英文名字字串建立串列，請輸入搜尋名字，如果找不到程式會輸出
查無此搜尋姓名，如果找到會輸出在索引xx位置找到，同時列出找了幾次。(16-3 節)

```
===================== RESTART: D:/Python/ex/ex16_4.py =====================
請輸入姓名(Q或q代表輸入結束) : John
請輸入姓名(Q或q代表輸入結束) : Tom
請輸入姓名(Q或q代表輸入結束) : Peter
請輸入姓名(Q或q代表輸入結束) : q
請輸入搜尋姓名 : Linda
查無此搜尋姓名
>>>
===================== RESTART: D:/Python/ex/ex16_4.py =====================
請輸入姓名(Q或q代表輸入結束) : John
請輸入姓名(Q或q代表輸入結束) : Kevin
請輸入姓名(Q或q代表輸入結束) : Peter
請輸入姓名(Q或q代表輸入結束) : q
請輸入搜尋姓名 : Kevin
在索引 1 位置找到了 Kevin 共找了 2 次
```

第十七章

海龜繪圖

　　海龜繪圖是一個很早期的繪圖函數庫，出現在 1966 年的 Logo 電腦語言，在筆者學生時期就曾經使用 Logo 語言控制海龜繪圖。很高興現在已經成為 Python 的模組，我們可以使用它繪製電腦圖形。與先前介紹的繪圖模組比較，最大的差異在我們可以看到海龜繪圖的過程，增加動畫效果。

17-1　基本觀念與安裝模組

　　海龜有 3 個關鍵屬性：方向、位置和筆，筆也有屬性：色彩、寬度和開 / 關狀態。海龜繪圖是 Python 內建的模組，使用前需導入此模組。

　　import turtle

17-2　繪圖初體驗

可以使用 Pen( ) 設定海龜繪圖物件，例如：

t = turtle.Pen( )

　　上述執行後，就可以建立畫布，同時螢幕中間就可以看到箭頭 (arrow)，這就是所謂的海龜。例如：下列是使用 Python Shell 執行時的畫面。

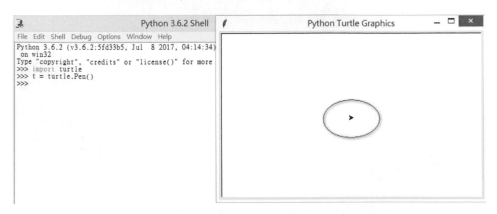

　　在海龜繪圖中，畫布中央是 (0,0)，往右 x 軸遞增往左 x 軸遞減，往上 y 軸遞增往下 y 軸遞減，海龜的起點在 (0,0) 位置，移動的單位是像素 (pixel)。如果現在輸入下列指令，可以看到海龜在 Python Turtle Graphics 畫布上繪圖。

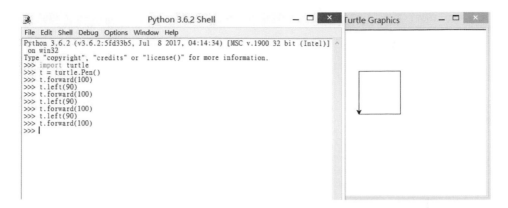

上述我們畫了一個正方形，其實每輸入一道指令，接可以看到海龜轉向或前進繪圖。

17-3 繪圖基本練習

下列是海龜繪圖基本方法的說明表。

方法	說明
left(angle) | lt( )	逆時針旋轉角度
right(angle) | rt( )	順時針旋轉角度
forward(number) | fd( )	往前移動，number 是移動量
backward(number) | bk( ) | back( )	往後移動，number 是移動量
setpos(x,y) | goto( ) | setposition( )	更改海龜座標至 (x,y)
hideturtle( ) | ht( )	隱藏海龜
showturtle( ) | st( )	顯示海龜
isvisible( )	海龜可見傳回 True，否則傳回 False
speed(n)	海龜速度，n=0-10，1(最慢) - 10(快)，0(最快)

其實適度使用迴圈，可以創造一些有趣的圖。

程式實例 ch17_1.py：繪製五角星星。

```
1  # ch17_1.py
2  import turtle
3  t = turtle.Pen()
4  sides = 5                        # 星星的個數
```

```
5   angle = 180 - (180 / sides)        # 每個迴圈海龜轉動角度
6   size = 100                         # 星星長度
7   for x in range(sides):
8       t.forward(size)                # 海龜向前繪線移動100
9       t.right(angle)                 # 海龜方向左轉的度數
```

執行結果

17-4　控制畫筆色彩與線條粗細

可以參考下列表。

方法	說明
pencolor(color string)	選擇彩色繪筆，例如：red、green
color(r, g, b)	由 r, g, b 控制顏色，值在 0-1 之間
color((r,g,b))	這是元組 r,g,b 值在 0-255 間
color(color string)	例如：red、green
pensize(size) | width(size)	size 選擇畫筆粗細大小
penup( ) | pu( ) | up( )	畫筆是關閉
pendown( ) | pd( ) | down( )	畫筆是開啟
isdown( )	畫筆是否開啟，是則傳回 True，否傳回 False

由上圖可知，色彩處理時我們可以使用選擇彩色畫筆 pencolor( )，也可以直接由 color( ) 方法更改目前畫筆的顏色，color( ) 方法的顏色可以是 r,g,b, 組合，也可以是色彩字串。在選擇畫筆粗細時可以使用 pensize( )，也可以使用 width( )。

程式實例 ch17_2.py：繪製有趣的圖形，首先將畫筆粗細改為 5，其次在使用迴圈繪圖時，r=0.5, g=1, b 則是由 1 逐漸變小。

```
1   # ch17_2.py
2   import turtle
3
4   t = turtle.Pen()
5   t.pensize(5)                        # 畫筆寬度
```

```
 6    colorValue = 1.0
 7    colorStep = colorValue / 36
 8    for x in range(1, 37):
 9        colorValue -= colorStep
10        t.color(0.5, 1, colorValue)        # 色彩調整
11        t.forward(100)
12        t.left(90)
13        t.forward(100)
14        t.left(90)
15        t.forward(100)
16        t.left(90)
17        t.forward(100)
18        t.left(100)
```

執行結果 可參考下方左圖。

程式實例 ch17_3.py：使用不同顏色與不同粗細畫筆的應用。

```
 1    # ch17_3.py
 2    import turtle
 3
 4    t = turtle.Pen()
 5    colorsList = ['red','orange','yellow','green','blue','cyan','purple','violet']
 6    tWidth = 1                             # 最初畫筆寬度
 7    for x in range(1, 41):
 8        t.color(colorsList[x % 8])         # 選擇畫筆顏色
 9        t.forward(2 + x * 5)               # 每次移動距離
10        t.right(45)                        # 每次旋轉角度
11        tWidth += x * 0.05                 # 每次畫筆寬度遞增
12        t.width(tWidth)
```

執行結果 可參考上方右圖。

程式實例 ch17_4.py：繪製直線，產生曲線效果。

```
1   # ch17_4.py
2   import turtle
3   n = 300
4   step = 10
5   t = turtle.Pen()
6   t.color('blue')
7   for i in range(0, n+step, step):
8       t.penup()
9       t.setpos(i,0)
10      t.pendown()
11      t.setpos(0, n-i)
```

執行結果 可參考下方左圖。

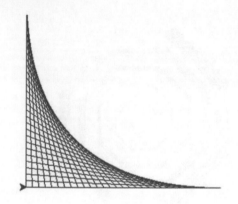
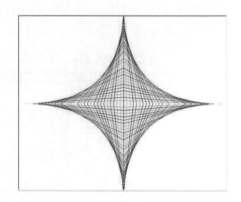

程式實例 ch17_5.py：擴充上述程式，如果將前一個圖作右上方，則將本程式擴充左上、左下和右下。本圖同時使用不同色彩。

```
1   # ch17_5.py
2   import turtle
3   import random
4   n = 300
5   step = 10
6   t = turtle.Pen()
7   colorsList = ['red','orange','yellow','green','blue','cyan','purple','violet']
8   for i in range(0, n+step, step):
9       t.color(random.choice(colorsList))        # 使用不同顏色
10      t.setpos(i, 0)
11      t.setpos(0, n-i)
12      t.setpos(-i, 0)
13      t.setpos(0, i-n)
14      t.setpos(i, 0)
```

執行結果 可參考上方右圖。

17-5 繪製圓、弧形或多邊形

17-5-1 繪製圓或弧形

要繪製圓可以使用下列方法：

circle(r,extend,steps=None)

r 是圓半徑、extend 是代表圓弧度的角度、steps 是圓內的邊數 (將在 17-5-2 節說明)。如果 circle( ) 內只有一個參數，則此參數是圓半徑。如果 circle( ) 內有二個參數，則第一個參數是圓半徑，第二個參數是圓弧度的角度。繪製圓時目前海龜面對方向，左側半徑位置將是圓的中心。例如：若是海龜在 (0,0) 位置，海龜方向是向東，則繪製半徑 50 的圓時，圓中心是在 (0,50) 的位置。如果半徑是正值繪製圓時是海龜目前位置開始以逆時針方式繪製。如果半徑是負值，假設半徑是 -50，則圓中心在 (0,-50) 的位置，此時繪製圓時是海龜目前位置開始以順時針方式繪製。

程式實例 ch17_6.py：繪製 4 個圓其中半徑是 50 或 -50 各 2 個，海龜位置是 (0,0) 與 (100,0) 和繪製弧度。

```
1   # ch17_6.py
2   import turtle
3
4   t = turtle.Pen()
5   t.color('blue')
6   t.penup()
7   t.setheading(180)              # 海龜往左
8   t.forward(150)                 # 移動往左
9   t.setheading(0)                # 海龜往右
10  t.pendown()
11  t.circle(50)                   # 繪製第1個左上方圓
12  t.circle(-50)                  # 繪製第2個左下方圓
13  t.forward(100)
14  t.circle(50)                   # 繪製第3個右上方圓
15  t.circle(-50)                  # 繪製第4個右下方圓
16
17  t.penup()
18  t.forward(100)                 # 移動往右
19  t.pendown()
20  t.setheading(0)
21  step = 5                       # 每次增加距離
22  for r in range(10, 100+step, step):
23      t.penup()                  # 將筆提起
24      t.setpos(150, -100)        # 海龜到點(150,100)
25      t.setheading(0)
```

```
26      t.pendown()                          # 將筆放下準備繪製
27      t.circle(r, 90 + r*2)                # 繪製圓
```

執行結果 可參考下方左圖。

  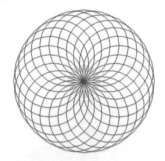

在 circle( ) 方法內若是有第 2 個參數，如果這個參數是 360 則是一個圓，如果是 180 則是繪半個圓弧，其它觀念依此類推。

程式實例 ch17_7.py：繪製圓線條的應用。

```
1  # ch17_7.py
2  import turtle
3
4  t = turtle.Pen()
5  t.color('blue')
6  for angle in range(0, 360, 15):
7      t.setheading(angle)              # 調整海龜方向
8      t.circle(100)
```

執行結果 可參考上方右圖。

上述用到了一個尚未講解的方法 setheading( )，也可以縮寫 seth( )，這是調整海龜方向，海龜初始是向右，相當於是 0 度。

17-5-2　繪製多邊形

如果想要使用 circle( ) 方法繪製多邊形，可以在 circle( ) 方法內使用 steps 設定多邊形的邊數，例如：steps=3 可以設定三角形、steps=4 可以設定四邊形、steps=5 可以設定五邊形、其它依此類推。

程式實例 ch17_8.py：使用 circle( ) 繪製 3-12 邊形。

```
1   # ch17_8.py
2   import turtle
3
4   t = turtle.Pen()
5   t.color('blue')
6   r = 30                          # 半徑
7   t.penup()
8   t.setheading(180)               # 海龜往左
9   t.forward(270)                  # 移動往左
10  t.setheading(0)                 # 海龜往右
11
12  for edge in range(3, 13, 1):    # 繪3 - 12邊圖
13      t.pendown()
14      t.circle(r, steps=edge)
15      t.penup()
16      t.forward(60)
```

執行結果

17-6 填滿顏色

可以參考下表。

方法	說明
begin_fill( )	想要開始填充前呼叫
end_fill( )	對應 begin_fill( )，結束填充
filling( )	如果填充 True，沒有填充 False
fillcolor( )	填入當前色彩
fillcolor(color string)	例如：red、green 或是顏色字串
fillcolor((r,g,b))	這是元組 r,g,b 值在 0-255 間
fillcolor(r,g,b)	由 r, g, b 控制顏色，值在 0-1 之間

在程式設計時，也可以使用 color( ) 可以有 2 個參數，如果只有 1 個參數則是圖形輪廓的顏色，如果有第 2 個參數此參數是代表圖形內部填滿的顏色。下列 2 個表是常見 256 色的 r, g, b 值。

000000	000033	000066	000099	0000CC	0000FF
003300	003333	003366	003399	0033CC	0033FF
006600	006633	006666	006699	0066CC	0066FF
009900	009933	009966	009999	0099CC	0099FF
00CC00	00CC33	00CC66	00CC99	00CCCC	00CCFF
00FF00	00FF33	00FF66	00FF99	00FFCC	00FFFF
330000	330033	330066	330099	3300CC	3300FF
333300	333333	333366	333399	3333CC	3333FF
336600	336633	336666	336699	3366CC	3366FF
339900	339933	339966	339999	3399CC	3399FF
33CC00	33CC33	33CC66	33CC99	33CCCC	33CCFF
33FF00	33FF33	33FF66	33FF99	33FFCC	33FFFF
660000	660033	660066	660099	6600CC	6600FF
663300	663333	663366	663399	6633CC	6633FF
666600	666633	666666	666699	6666CC	6666FF
669900	669933	669966	669999	6699CC	6699FF
66CC00	66CC33	66CC66	66CC99	66CCCC	66CCFF
66FF00	66FF33	66FF66	66FF99	66FFCC	66FFFF
990000	990033	990066	990099	9900CC	9900FF
993300	993333	993366	993399	9933CC	9933FF
996600	996633	996666	996699	9966CC	9966FF
999900	999933	999966	999999	9999CC	9999FF
99CC00	99CC33	99CC66	99CC99	99CCCC	99CCFF
99FF00	99FF33	99FF66	99FF99	99FFCC	99FFFF
CC0000	CC0033	CC0066	CC0099	CC00CC	CC00FF
CC3300	CC3333	CC3366	CC3399	CC33CC	CC33FF
CC6600	CC6633	CC6666	CC6699	CC66CC	CC66FF
CC9900	CC9933	CC9966	CC9999	CC99CC	CC99FF
CCCC00	CCCC33	CCCC66	CCCC99	CCCCCC	CCCCFF
CCFF00	CCFF33	CCFF66	CCFF99	CCFFCC	CCFFFF
FF0000	FF0033	FF0066	FF0099	FF00CC	FF00FF
FF3300	FF3333	FF3366	FF3399	FF33CC	FF33FF
FF6600	FF6633	FF6666	FF6699	FF66CC	FF66FF
FF9900	FF9933	FF9966	FF9999	FF99CC	FF99FF
FFCC00	FFCC33	FFCC66	FFCC99	FFCCCC	FFCCFF
FFFF00	FFFF33	FFFF66	FFFF99	FFFFCC	FFFFFF

程式實例 ch17_9.py：重新設計 ch17_8.py，用不同顏色填充多邊形。

```
1   # ch17_9.py
2   import turtle
3
4   t = turtle.Pen()
5   t.color('white')
6   r = 30                          # 半徑
7   t.penup()
8   t.setheading(180)              # 海龜往左
9   t.forward(270)                 # 移動往左
10  t.setheading(0)                # 海龜往右
11  colorsList = ['red','orange','yellow','green','blue','cyan','purple','violet']
12  for edge in range(3, 13, 1):            # 繪3 – 12邊圖
13      t.pendown()
14      t.fillcolor(colorsList[edge % 8])
15      t.begin_fill()
16      t.circle(r, steps=edge)
17      t.end_fill()
18      t.penup()
19      t.forward(60)
```

執行結果

程式實例 ch17_10.py：繪製五角形藍色星星。

```
1   # ch17_10.py
2   import turtle
3   t = turtle.Pen()
4   sides = 5                       # 星星的個數
5   angle = 180 - (180 / sides)     # 每個迴圈海龜轉動角度
6   size = 100                      # 星星長度
7   t.color('blue')
8   t.begin_fill()
9   for x in range(sides):
10      t.forward(size)             # 海龜向前繪線移動100
11      t.right(angle)              # 海龜方向左轉的度數
12  t.end_fill()
```

執行結果

17-7 繪圖視窗的相關知識

下列是相關方法使用表：

方法	說明
screen.title( )	可設定視窗標題
screen.bgcolor( )	視窗背景顏色
screen.bgpic(fn)	gif 檔案當背景
screen.window_width( )	視窗寬度
screen.window_height( )	視窗高度
screen.setup(width,height)	重設視窗寬度與高度
screen.setworldcoordindates(x1,y1,x2,y2)	(x1,y1),(x2,y2) 分別是畫布左上與右下的座標

17-7-1 更改海龜視窗標題與背景顏色

程式實例 ch17_11.py：在藍色天空下繪製一顆黃色的五角星星。

```
1  # ch17_11.py
2  import turtle
3  def stars(sides, size, cr, x, y):
4      t.penup()
5      t.goto(x, y)
6      t.pendown()
7      angle = 180 - (180 / sides)        # 每個迴圈海龜轉動角度
8      t.color(cr)
9      t.begin_fill()
10     for x in range(sides):
11         t.forward(size)                # 海龜向前繪線移動100
12         t.right(angle)                 # 海龜方向左轉的度數
13     t.end_fill()
14 t = turtle.Pen()
15 t.screen.bgcolor('blue')
16 stars(5, 60, 'yellow', 0, 0)
```

執行結果

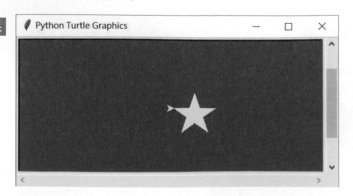

上述筆者使用 stars( ) 當作繪製星星的函數，適度應用就可以在天空繪製滿滿的星星。

程式實例 ch17_12.py：使用無限迴圈繪製天空的星星，這個程式會在畫布中不斷的繪製 5 角至 11 角的星星，須留意只繪製奇數角的星星。

```
1   # ch17_12.py
2   import turtle
3   import random
4   def stars(sides, size, cr, x, y):
5       t.penup()
6       t.goto(x, y)
7       t.pendown()
8       angle = 180 - (180 / sides)        # 每個迴圈海龜轉動角度
9       t.color(cr)
10      t.begin_fill()
11      for x in range(sides):
12          t.forward(size)                # 海龜向前繪線移動100
13          t.right(angle)                 # 海龜方向左轉的度數
14      t.end_fill()
15  t = turtle.Pen()
16  t.screen.bgcolor('blue')
17  t.ht()
18  color_list = ['yellow','white','gold','pink','gray',
19                'red','orange','aqua','green']
20  while True:
21      ran_sides = random.randint(2, 5) * 2 + 1    # 限制星星角度是5-11的奇數
22      ran_size = random.randint(5, 30)
23      ran_color = random.choice(color_list)
24      ran_x = random.randint(-250,250)
25      ran_y = random.randint(-250,250)
26      stars(ran_sides,ran_size,ran_color,ran_x,ran_y)
```

執行結果

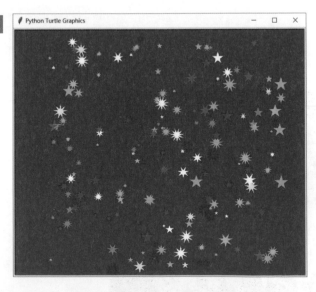

另一個有趣的主題是萬花筒可參考下列實例。

程式實例 ch17_13.py：首先可以將背景設為黑色，然後自行設定繪製線條的長度和寬度，由於我們的線條長度是 100，所以這個程式必須讓繪圖起點在 4 邊內縮 100 的位置，否則海龜會離開繪圖區，剩下只要設計無限迴圈即可。

```python
1   # ch17_13.py
2   import turtle
3   import random
4
5   def is_inside():
6       ''' 測試是否在繪布範圍 '''
7       left = (-t.screen.window_width() / 2) + 100      # 左邊牆
8       right = (t.screen.window_width() / 2) - 100       # 右邊牆
9       top = (t.screen.window_height() / 2) - 100        # 上邊牆
10      bottom = (-t.screen.window_height() / 2) + 100    # 下邊牆
11      x, y = t.pos()                                    # 海龜座標
12      is_inside = (left < x < right) and (bottom < y < top)
13      return is_inside
14
15  def turtle_move():
16      colors = ['blue', 'pink', 'green', 'red', 'yellow', 'aqua']
17      t.color(random.choice(colors))              # 繪圖顏色
18      t.begin_fill()
19      if is_inside():                             # 如果在繪布範圍
20          t.right(random.randint(0, 180))         # 海龜移動角度
21          t.forward(length)
22      else:
23          t.backward(length)
24      t.end_fill()
25
26  t = turtle.Pen()
27  length = 100                                    # 線長
28  width = 10                                       # 線寬
29  t.pensize(width)                                # 設定畫筆寬
30  t.screen.bgcolor('black')                       # 畫布背景
31  while True:
32      turtle_move()
```

執行結果

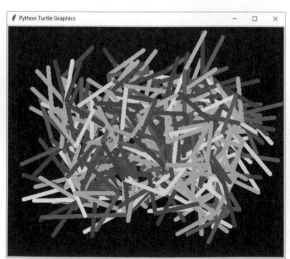

17-8 專題

17-8-1 有趣的圖案

程式實例 ch17_14.py：利用迴圈每次線條長度是索引 *2，每次逆時針選轉 91 度，可以得到下列結果。

```
1  # ch17_14.py
2  import turtle
3
4  t = turtle.Pen()
5  colorsList = ['red','orange','yellow','green','blue','cyan','purple','violet']
6  for line in range(200):
7      t.color(colorsList[line % 8])
8      t.forward(line*2)
9      t.left(91)
```

執行結果

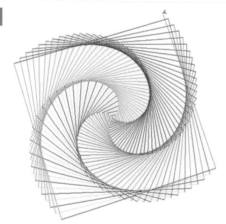

17-8-2 終止追蹤繪製過程

海龜可以創造許多美麗的圖案，使用海龜繪製圖案過程，難免因為追蹤繪製過程，程式執行期間較長，我們可以使用下列指令終止追蹤繪製過程。

  turtle.tracer(0, 0)

程式實例 ch17_15：繪製美麗的圖案，由於終止追蹤繪製過程，所以可以瞬間產生結果。

```
1  # ch17_15.py
2  import turtle
3  turtle.tracer(0,0)                       # 終止追蹤
4  t = turtle.Pen()
5
```

```
6  colorsList = ['red','green','blue']
7  for line in range(400):
8      t.color(colorsList[line % 3])
9      t.forward(line)
10     t.right(119)
```

執行結果

習題實作題

1 : 請設計一個 line(x1,y1,x2,y2) 函數，可以從 (x1,y1) 繪線至 (x2,y2)。(17-4 節)

```
===================== RESTART: D:/Python/ex/ex17_1.py =====================
請輸入x1和y1 : -100, 0
請輸入x1和y1 : 100, 20
```

下列是 Python Turtle Graphics 視窗的結果。

2 : 請設計一個繪製正方形的函數 mysqure(x,y,n)，(x,y) 是正方形中心，n 是邊框長度，
這個函數可以用 (x,y) 位置為中心繪製正方形。(17-4 節)

```
===================== RESTART: D:/Python/ex/ex17_2.py =====================
請輸入x和y : 100, 100
請輸入n : 100
```

下列是 Python Turtle Graphics 視窗的結果。

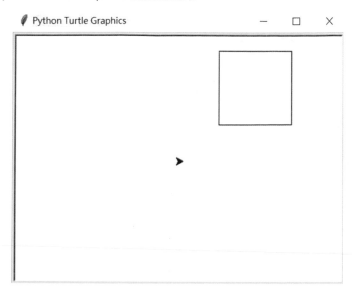

3: 繪製奧林匹克旗幟,其中 5 個奧林匹克圓的間距可以自行設定,這個程式會要求輸入圓的半徑和厚度。(17-5 節)

```
=================== RESTART: D:/Python/ex/ex17_3.py ===================
請輸入奧林匹克圓半徑 : 50
請輸入奧林匹克圓厚度 : 1
```

下列是 Python Turtle Graphics 視窗的結果。

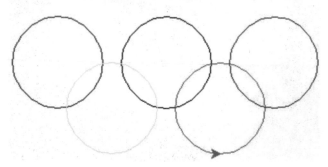

4： 請繪製下列圖形，最大半徑 100，畫 50 次，半徑每次遞減 1，起繪點每次往右移 5，為了增快繪圖速度，可以設定 speed(0)，所繪製的圓形線條顏色由 green、blue、red 等 3 種顏色隨機產生。(17-5 節)

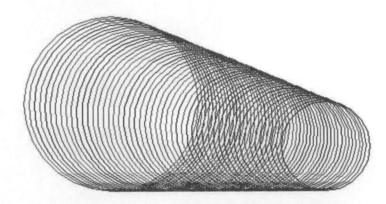

5： 請修改 ch17_13.py 萬花筒設計，請將 t.right( ) 角度改為 320 – 350 度間，可以體會不同的萬花筒設計。(17-7 節)

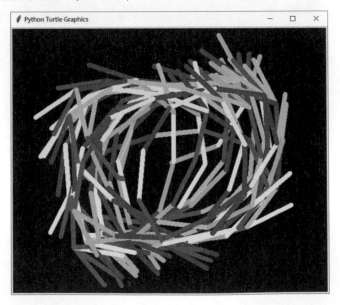

附錄 A

安裝 Python

A-1 Windows 作業系統的安裝 Python 版

　　此時讀者可以選擇下載那一個版本，此例筆者選擇下載 3.7 版，筆者使用 Internet Explorer 流覽器然後請按執行鈕，電腦將直接執行位於下載區的 python-3.7.exe 檔案，進行安裝，然後將看到下列安裝畫面：

註1　如果點選 Add Python 3.7 to PATH，不論是在那一個資料夾均可以執行 python 可執行檔，非常方便。預設畫面是未勾選狀態，建議勾選。

註2　上述預設安裝路徑是在比較深層的 C:\ 資料夾路徑，如果想安裝在比較淺層，建議可以點選 Customize installation，然後再選擇路徑，例如：選擇 C:\ 即可。

　　下列是筆者採用預設安裝路徑的畫面，上述如果點選 Install Now 選項可以進行安裝，下方可以看到，未來安裝 Python 的所在的資料夾。安裝完成後將看到下列畫面。

安裝完成後，請進入所安裝的資料夾，找尋 idle 檔案，這是 Python 3.7 版的整合環境程式，未來可以使用它編輯與執行 Python。

❑ **使用硬功夫搜尋 Python3 資料夾**

如果你可以順利進入安裝 Python 資料夾，則恭喜你，如果找不到，可以開啟 Windows 檔案總管，然後搜尋 C 資料夾，搜尋字串 "Python3"。

Windows 作業系統會去找尋與 Python3 有關的檔案或資料夾，上述是找到的畫面，然後請點選 Python37-32(這是筆者目前的版本)。接下來是找尋 Python 整合環境的 idle 程式，請在進入 Python37-32 後，在搜尋欄位輸入 "idle"。當搜尋到了以後，可以將此 Python 整合環境的 idle 程式拖曳複製至桌面。

未來只要連按二下 idle 圖示，即可以啟動 Python 整合環境。

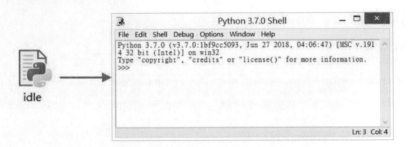

☐ **未來搜尋 Python 可執行檔的路徑**

```
>>> import sys
>>> sys.executable
'C:\\Users\\Jiin-Kwei\\AppData\\Local\\Programs\\Python\\Python37-32\\pythonw.exe'
>>>
```

可以使用上述指令列出 Python 的可執行檔案。

附錄 B

ASCII 碼值表

本碼值表取材至 www.lookup.com 網頁。

Dec	Hx	Oct	Char		Dec	Hx	Oct	Html	Chr	Dec	Hx	Oct	Html	Chr	Dec	Hx	Oct	Html	Chr
0	0	000	NUL	(null)	32	20	040	 	Space	64	40	100	@	@	96	60	140	`	`
1	1	001	SOH	(start of heading)	33	21	041	!	!	65	41	101	A	A	97	61	141	a	a
2	2	002	STX	(start of text)	34	22	042	"	"	66	42	102	B	B	98	62	142	b	b
3	3	003	ETX	(end of text)	35	23	043	#	#	67	43	103	C	C	99	63	143	c	c
4	4	004	EOT	(end of transmission)	36	24	044	$	$	68	44	104	D	D	100	64	144	d	d
5	5	005	ENQ	(enquiry)	37	25	045	%	%	69	45	105	E	E	101	65	145	e	e
6	6	006	ACK	(acknowledge)	38	26	046	&	&	70	46	106	F	F	102	66	146	f	f
7	7	007	BEL	(bell)	39	27	047	'	'	71	47	107	G	G	103	67	147	g	g
8	8	010	BS	(backspace)	40	28	050	(	(	72	48	110	H	H	104	68	150	h	h
9	9	011	TAB	(horizontal tab)	41	29	051	)	)	73	49	111	I	I	105	69	151	i	i
10	A	012	LF	(NL line feed, new line)	42	2A	052	*	*	74	4A	112	J	J	106	6A	152	j	j
11	B	013	VT	(vertical tab)	43	2B	053	+	+	75	4B	113	K	K	107	6B	153	k	k
12	C	014	FF	(NP form feed, new page)	44	2C	054	,	,	76	4C	114	L	L	108	6C	154	l	l
13	D	015	CR	(carriage return)	45	2D	055	-	-	77	4D	115	M	M	109	6D	155	m	m
14	E	016	SO	(shift out)	46	2E	056	.	.	78	4E	116	N	N	110	6E	156	n	n
15	F	017	SI	(shift in)	47	2F	057	/	/	79	4F	117	O	O	111	6F	157	o	o
16	10	020	DLE	(data link escape)	48	30	060	0	0	80	50	120	P	P	112	70	160	p	p
17	11	021	DC1	(device control 1)	49	31	061	1	1	81	51	121	Q	Q	113	71	161	q	q
18	12	022	DC2	(device control 2)	50	32	062	2	2	82	52	122	R	R	114	72	162	r	r
19	13	023	DC3	(device control 3)	51	33	063	3	3	83	53	123	S	S	115	73	163	s	s
20	14	024	DC4	(device control 4)	52	34	064	4	4	84	54	124	T	T	116	74	164	t	t
21	15	025	NAK	(negative acknowledge)	53	35	065	5	5	85	55	125	U	U	117	75	165	u	u
22	16	026	SYN	(synchronous idle)	54	36	066	6	6	86	56	126	V	V	118	76	166	v	v
23	17	027	ETB	(end of trans. block)	55	37	067	7	7	87	57	127	W	W	119	77	167	w	w
24	18	030	CAN	(cancel)	56	38	070	8	8	88	58	130	X	X	120	78	170	x	x
25	19	031	EM	(end of medium)	57	39	071	9	9	89	59	131	Y	Y	121	79	171	y	y
26	1A	032	SUB	(substitute)	58	3A	072	:	:	90	5A	132	Z	Z	122	7A	172	z	z
27	1B	033	ESC	(escape)	59	3B	073	;	;	91	5B	133	[	[	123	7B	173	{	{
28	1C	034	FS	(file separator)	60	3C	074	<	<	92	5C	134	\	\	124	7C	174	|		
29	1D	035	GS	(group separator)	61	3D	075	=	=	93	5D	135	]	]	125	7D	175	}	}
30	1E	036	RS	(record separator)	62	3E	076	>	>	94	5E	136	^	^	126	7E	176	~	~
31	1F	037	US	(unit separator)	63	3F	077	?	?	95	5F	137	_	_	127	7F	177	&#127;	DEL